Qualitative Anorganische Analyse

Marcus Herbig · Jörg Wagler

Qualitative Anorganische Analyse

Begleitbuch für das Arbeiten mit Trennungsgang

Marcus Herbig
Institut für Anorganische Chemie
TU Bergakademie Freiberg
Freiberg, Deutschland

Jörg Wagler
Institut für Anorganische Chemie
TU Bergakademie Freiberg
Freiberg, Deutschland

Ergänzendes Material zu diesem Buch finden Sie auf http://extras.springer.com.

ISBN 978-3-662-57849-0 ISBN 978-3-662-57850-6 (eBook)
https://doi.org/10.1007/978-3-662-57850-6

Die Deutsche Nationalbibliothek verzeichnet diese Publikation in der Deutschen Nationalbibliografie; detaillierte bibliografische Daten sind im Internet über http://dnb.d-nb.de abrufbar.

Springer Spektrum

Verantwortlich im Verlag: Rainer Münz

Springer Spektrum ist ein Imprint der eingetragenen Gesellschaft Springer-Verlag GmbH, DE und ist ein Teil von Springer Nature
Die Anschrift der Gesellschaft ist: Heidelberger Platz 3, 14197 Berlin, Germany

Vorwort

Wir danken den vielen Menschen, die uns die Erstellung dieses Buches ermöglicht haben. Die Anregung dazu kam von unserem Kollegen André Stapf, als er mit uns das dem Buch zugrunde liegende Praktikum an der TU Bergakademie Freiberg betreute. Außerdem danken wir Petra Helbig, unserer Praktikumslaborantin, dass sie es uns trotz des vollen Wochenplans im Praktikumssaal ermöglicht hat, viele Versuche noch einmal selbst durchzuführen, um somit Störungen zu finden und Kristallfotos anfertigen zu können. Dr. Konstantin Kraushaar danken wir für die Unterstützung in Planung und Leitung des Praktikums, wodurch wir mehr Zeit hatten, dieses Buch zu verfassen. Großer Dank gebührt auch Dr. Ute Claußnitzer, die das Manuskript für uns auf Herz und Nieren geprüft und uns viele hilfreiche Hinweise gegeben hat. Während der Erstellung des Manuskripts waren wir beide im Institut für Anorganische Chemie in der Arbeitsgruppe von Professor Edwin Kroke angestellt. Für seine Unterstützung bei der Durchführung dieses Buchprojekts gilt auch ihm unser Dank. In den letzten Monaten der Überarbeitung bekamen wir noch weitere Unterstützung durch die vom Europäischen Sozialfonds geförderte Nachwuchsforschergruppe CO_2-Sil („Chemisch-materialtechnische Nutzung von CO_2 mithilfe von Aminosilanen“). Alle Mitarbeiter dieser Gruppe waren im halbmikroanalytischen Praktikum bei der Betreuung der Studenten und dem Aufspüren typischer Fehlerquellen und Stolpersteine aktiv.

Marcus Herbig
Jörg Wagler

Inhaltsverzeichnis

Einleitung 1

Die fortschreitende Entwicklung in der instrumentellen analytischen Chemie verdrängt heutzutage die klassische nasschemische Analyse zunehmend. In der Chemieausbildung werden dennoch die klassische Halbmikroanalyse und der Schwefelwasserstoff-Trennungsgang weiterhin gelehrt, denn diese zeigen eindrucksvoll die verschiedenen Reaktivitäten der Elemente. Die Arbeitstechniken der Halbmikroanalyse sind leicht zu erlernen und bieten einen guten Einstieg in die praktischen Arbeiten eines Chemikers. Vor allem die Sauberkeit spielt eine größere Rolle als bei Arbeiten im Makromaßstab. Auch in der Syntheseforschung gehen die Ansatzgrößen immer weiter zurück, sodass Arbeiten im Halbmikromaßstab immer deutlicher wieder in den Fokus der Chemieausbildung rücken.

An der TU Bergakademie Freiberg hat Dr. Gerhard Ackermann, als Professor für Analytische Chemie, in den Jahren 1959 bis 1961 das Buch „Einführung in die qualitative anorganische Halbmikroanalyse" für die Ausbildung in der Chemie herausgegeben [1]. Das Vorgehen im darin enthaltenen Trennungsgang unterscheidet sich an einigen Stellen von dem in oft genutzten Büchern von Jander und Blasius [2, neueste Ausgabe] oder Gerdes [3]. Außerdem sind einige verwendete Chemikalien heute aufgrund ihrer Giftigkeit ersetzt worden. Mit diesem Buch möchten wir eine aktualisierte Auflage des Trennungsgangs nach Ackermann für das Chemiestudium anbieten. Dabei erheben wir nicht den Anspruch auf eine vollständige Auflistung aller Reaktionen und Nachweise der Elemente, aber ein großer Satz bewährter Nachweise, als Leitfaden für die Halbmikroanalyse im chemischen Grundpraktikum, soll mit Tipps und Tricks versehen zusammengetragen sein.

M. Herbig und J. Wagler, *Qualitative Anorganische Analyse*,
https://doi.org/10.1007/978-3-662-57850-6_1

Theoretische Grundlagen

2

Inhaltsverzeichnis

Einige theoretische Grundlagen sind für das Verständnis des Trennungsgangs und der Reaktionen der verschiedenen Elemente und Ionen notwendig. Hier sollen kurz die wichtigsten Aspekte gezeigt und auf häufig angetroffene Fehler hingewiesen werden. Die Nomenklatur anorganischer Verbindungen ist als Zusatzmaterial online auf Springer Extras (http://extras.springer.com/) verfügbar.

2.1 Reaktionsgleichungen

Reaktionsgleichungen sind die internationale Sprache der Chemie. Richtig verwendet, können große Informationsmengen in eine einzige Gleichung verpackt werden. Eine Reaktionsgleichung zeigt die Summe aller Edukte mit jeweiligem stöchiometrischen Faktor ν und die Summe aller Produkte, ebenfalls mit den stöchiometrischen Faktoren. Diese Faktoren sind im mathematischen Zusammenhang immer vorzeichenbehaftet: die der Edukte sind negativ (denn sie werden verbraucht) und die der Produkte positiv (denn sie werden gebildet). Eine Reaktionsgleichung muss:

M. Herbig und J. Wagler, *Qualitative Anorganische Analyse*,
https://doi.org/10.1007/978-3-662-57850-6_2

- chemisch sinnvolle Zusammenhänge darstellen,
- ausgeglichen in Atom-, Ladungs- und Elektronenbilanz sein (in diesen Punkten also auch eine mathematisch korrekte Gleichung sein),
- möglichst kleine (ganzzahlige) stöchiometrische Faktoren nutzen,
- Teilchen so angeben, wie sie auch vorliegen,
- gängige Vereinfachungen beachten und
- den richtigen Reaktionspfeil verwenden

Als Beispiel soll hier eine Reaktion von A und B zu C gezeigt sein:

$$|\nu_A|A + |\nu_B|B \longrightarrow |\nu_C|C$$

2.1.1 Reaktionspfeile

Manchmal werden Reaktionsbedingungen, wie die Temperatur oder das Lösungsmittel, über oder unter dem Reaktionspfeil geschrieben. Ein Erwärmen bzw. Erhitzen wird mit einem Δ dargestellt. Katalysatoren werden in eckigen Klammern angegeben. Manchmal werden auch Reaktanden auf und/oder Reaktionsprodukte von typischen Schritten unter den Reaktionspfeil geschrieben. In Gleichungen und Schemata sind häufig folgende Pfeile zu finden:

$\longrightarrow$ Reaktion
$\not\longrightarrow$ keine Reaktion
$\longleftrightarrow$ Mesomeriepfeil
$\rightleftharpoons$ Gleichgewicht
$\leftharpoondown\!\!\!\rightharpoonup$ Gleichgewicht mit Schwerpunkt auf einer Seite
Umlagerungsreaktion
Isolobalpfeil
$\Longrightarrow$ Retrosynthesepfeil
$\curvearrowright$ formales „Umklappen“ eines Elektronenpaars
$\downarrow$ Ausfällungspfeil
$\uparrow$ Gasbildungspfeil

Dabei ist zu beachten, dass Mesomeriepfeile und Isolobalpfeile keinerlei chemische Reaktion repräsentieren. Im weiteren Verlauf wird nur auf die häufigsten Pfeile ($\longrightarrow$, $\rightleftharpoons$, $\downarrow$ und $\uparrow$) eingegangen.

2.1.2 Gängige Vereinfachungen

Weglassen von Aggregatzuständen Bei der fehlenden Angabe der Aggregatzustände wird von dem typischen Zustand bei Raumtemperatur ausgegangen, sofern in der Beschreibung keine andere Angabe gemacht wurde. Bsp.:

$$HCl + NH_3 \longrightarrow NH_4Cl$$

statt

$$HCl_{(g)} + NH_{3(g)} \longrightarrow NH_4Cl_{(s)}$$

Vernachlässigen der Hydrathülle Bei Reaktionen von Lösungen wird die Hydrathülle um die Ionen, sofern sie nicht für das Verständnis der Reaktion ausschlaggebend ist, weggelassen. Korrekterweise soll aber darauf hingewiesen werden, dass Ionen im Wasser immer eine Hydrathülle tragen („Nacktbaden ist für Ionen verboten!"). Bsp.:

$$Al^{3+} + 3\,OH^- \longrightarrow Al(OH)_3\downarrow$$

statt

$$[Al(H_2O)_6]^{3+} + 3\,OH^- \longrightarrow Al(OH)_3\downarrow + 6\,H_2O$$

Spielt die Hydrathülle jedoch eine wichtige Rolle, z. B. im Sinne des Ligandenaustauschs in der Komplexchemie, so wird sie mit in die Gleichung einbezogen. Bsp.:

$$[Ni(H_2O)_6]^{2+} + 6\,NH_3 \longrightarrow [Ni(NH_3)_6]^{2+} + 6\,H_2O$$

Entweichen und Ausfallen von Reaktionsprodukten Das Entweichen gasförmiger Reaktionsprodukte und das Ausfallen schwer löslicher Niederschläge wird mit nachgestellten auf- bzw. absteigenden Pfeilen angegeben. Bsp.:

$$PbCO_3 + 2\,H^+ + 2\,Cl^- \longrightarrow PbCl_2\downarrow + H_2O + CO_2\uparrow$$

Vereinfachung der Pfeilart Auch wenn quasi bei allen Reaktionen chemische Gleichgewichte zwischen Edukten und Produkten vorliegen, so ist bei entweichenden oder ausfallenden Reaktionsprodukten dieses Gleichgewicht so stark auf die Seite der Produkte verschoben, dass ein einfacher Reaktionspfeil genutzt wird. Wird das Gleichgewicht selbst betrachtet, so ist selbstverständlich der Gleichgewichtspfeil zu nutzen. Bsp.:

$Ag^+ + Cl^- \longrightarrow AgCl\downarrow$ im Sinne der Fällung (quasi quantitativ) von AgCl als Reaktionsprodukt

$Ag^+ + Cl^- \rightleftharpoons AgCl$ bei der Betrachtung der in Lösung verbleibenden Ionen (z. B. für die Sättigungskonzentration, Folgereaktionen oder elektrochemische Messungen)

Verwendung von freien Protonen in der Gleichung Freie Protonen reagieren sofort mit anderen Molekülen, z. B. mit dem Lösungsmittel. Daher wird beim Arbeiten in wässrigen Medien oft die Schreibweise H_3O^+ verwendet. Allerdings ist diese Schreibweise ebenfalls nicht korrekt, weil weitere Wassermoleküle um dieses Ion angelagert sind und daher $H_5O_2^+$, $H_7O_3^+$ usw. verwendet werden müssten. Somit ist die einfachste, wenn auch inkorrekte, Schreibweise H^+ trotzdem sinnvoll. Bsp.:

$$H_2O \rightleftharpoons H^+ + OH^- \quad \text{Autoprotolyse von Wasser}$$

2.1.3 Typische Fehler

Neben unausgeglichenen und chemisch unsinnigen Gleichungen gibt es andere typische Fehler, die hier anhand eines Beispiels gezeigt und berichtigt werden sollen.

Beispiel

Zugabe einer Silber(I)-nitrat-Lösung zu einer Natriumchlorid-Lösung

$$NaCl + AgNO_3 \longrightarrow AgCl + NaNO_3$$

In dieser Gleichung liegen die Teilchen nicht so vor, wie sie in der Beschreibung erwähnt werden. Bei dieser Schreibweise wird von einer Feststoff-Reaktion statt von einer Reaktion in Lösung ausgegangen.

$$NaCl_{(aq)} + AgNO_{3(aq)} \longrightarrow AgCl + NaNO_{3(aq)}$$

Die Angabe der Hydratisierung darf nur bei Teilchen angezeigt werden, die auch wirklich so vorliegen. Die Gleichung impliziert, dass u. a. NaCl-„Moleküle“ hydratisiert sind. Das stimmt natürlich nicht, denn die gelösten Salze liegen in Ionen dissoziiert vor.

> **!** Achtung bei verd. und konz. Säuren! Beispielsweise liegt Schwefelsäure in verdünnter wässriger Lösung nahezu vollständig dissoziiert vor (je nach Verdünnungsgrad vorrangig $H^+ + HSO_4^{2-}$ bzw. $2\,H^+ + SO_4^{2-}$), während konz. Schwefelsäure vorwiegend molekular vorliegt (H_2SO_4).

$$Na^+ + Cl^- + Ag^+ + NO_3^- \longrightarrow Na^+ + NO_3^- + AgCl$$

Diese Gleichung beinhaltet nicht die kleinstmöglichen stöchiometrischen Faktoren. Für Na^+ und NO_3^- sind diese null (kürzen sich aus der Gleichung).

$$Ag^+ + Cl^- \longrightarrow AgCl\downarrow$$

Diese Gleichung ist unter der Annahme der gängigen Vereinfachungen richtig. Noch präziser wäre die Gleichung:

$$Ag^{+}_{(aq)} + Cl^{-}_{(aq)} \longrightarrow AgCl\downarrow$$

Zur Vereinfachung wird die Hydrathülle jedoch weggelassen.

Ein weiterer häufiger Fehler ist die Nichtbeachtung des Reaktionsmilieus. In einer sauren Lösung werden keine Hydroxid-Ionen entstehen und in einer basischen Lösung keine Protonen. Für das Auflösen von Eisen in verd. Salzsäure wären zwar folgende beide Gleichungen ausgeglichen, jedoch wäre im chemischen Kontext (Reaktionsmilieu sauer) nur die zweite Gleichung richtig.

$$Fe + H^{+} + H_2O \longrightarrow Fe^{2+} + H_2\uparrow + OH^{-} \qquad \text{falsch}$$
$$Fe + 2\,H^{+} \longrightarrow Fe^{2+} + H_2\uparrow \qquad \text{richtig}$$

2.1.4 Redoxreaktionen

Eine Redoxreaktion ist eine Reaktion, an der zwei Redoxpaare beteiligt sind. Es kommt zu vollständigen Elektronenübergängen, sodass sich von wenigstens zwei Teilchen die Oxidationszahl ändert. Es gibt zwei Spezialfälle von Redoxreaktionen:

Komproportionierung, auch Synproportionierung genannt Aus Verbindungen eines Elements mit zwei unterschiedlichen Oxidationszahlen wird eine Verbindung mit mittlerer Oxidationszahl dieses Elements gebildet. Bsp.:

$$3\,Mn^{2+} + 2\,MnO_4^{-} + 4\,OH^{-} \longrightarrow 5\,MnO_2 + 2\,H_2O$$

Disproportionierung Aus einem Element oder einer Verbindung eines Elements mit mittlerer Oxidationszahl werden zwei Verbindungen gebildet, wobei das Element in einer mit höherer und in einer mit niedrigerer Oxidationszahl vorliegt. Bsp.:

$$Cl_2 + 2\,OH^{-} \longrightarrow Cl^{-} + ClO^{-} + H_2O$$

Um entscheiden zu können, welches Redoxpaar die Oxidation und welches die Reduktion eingeht, wird das Elektrodenpotenzial des Paares in der Lösung benötigt. Die Standard-Elektrodenpotenziale sind in Tabellen zusammengefasst. Eine ausführliche Liste findet sich in der englischen Wikipedia [4]. Das Potenzial ändert sich je nach Aktivitäten der beteiligten Stoffe entsprechend der Nernst-Gleichung (siehe Abschn. 2.6). Nachdem das nun wirklich vorliegende Elektrodenpotenzial berechnet oder abgeschätzt wurde, gilt die Regel: Das Redoxpaar mit dem niedrigeren Elektrodenpotenzial wird oxidiert, ist also das Reduktionsmittel, das Paar mit höherem Elektrodenpotenzial wird reduziert, repräsentiert also das Oxidationsmittel.

Zur Aufstellung der Reaktionsgleichung ist folgendes Vorgehen zu empfehlen:

Beispiel

Kaliumpermanganat-Lösung wird in eine saure Eisen(II)-sulfat-Lösung getropft.

0. nur sinnvolle Ionen/Stoffe verwenden (so wie sie vorliegen)!
1. unvollständige Gleichung aufstellen:

$$MnO_4^- + Fe^{2+} + H^+ \longrightarrow Mn^{2+} + Fe^{3+} + H_2O$$

2. Oxidationszahlen ermitteln:

$$\overset{VII}{Mn}\overset{-II}{O_4^-} + \overset{II}{Fe}{}^{2+} + \overset{I}{H}{}^+ \longrightarrow \overset{II}{Mn}{}^{2+} + \overset{III}{Fe}{}^{3+} + \overset{I}{H_2}\overset{-II}{O}$$

3. Teilgleichungen aufstellen:

$$\begin{array}{lrcl} \text{Oxidation:} & Fe^{2+} & \longrightarrow & Fe^{3+} + e^- \\ \text{Reduktion:} & MnO_4^- + e^- + H^+ & \longrightarrow & Mn^{2+} + H_2O \end{array}$$

4. Ladungs- und Stoffbilanz in Teilgleichungen ausgleichen

$$\begin{array}{lrcl} \text{Oxidation:} & Fe^{2+} & \longrightarrow & Fe^{3+} + e^- \\ \text{Reduktion:} & MnO_4^- + 5\,e^- + 8\,H^+ & \longrightarrow & Mn^{2+} + 4\,H_2O \end{array}$$

5. Elektronenbilanz der Teilgleichungen anpassen:

$$\begin{array}{lrcll} \text{Oxidation:} & Fe^{2+} & \longrightarrow & Fe^{3+} + e^- & |\cdot 5 \\ \text{Reduktion:} & MnO_4^- + 5\,e^- + 8\,H^+ & \longrightarrow & Mn^{2+} + 4\,H_2O & \end{array}$$

Nun lautet die richtige, vollständige Reaktionsgleichung folgendermaßen:

$$MnO_4^- + 5\,Fe^{2+} + 8\,H^+ \longrightarrow Mn^{2+} + 5\,Fe^{3+} + 4\,H_2O$$

2.2 Chemisches Gleichgewicht

Das chemische Gleichgewicht ist ein grundlegendes Konzept für das Verständnis einer chemischen Reaktion im Allgemeinen und für das Verständnis weiterer grundlegender Zusammenhänge, die für das Arbeiten im qualitativen anorganisch-analytischen Praktikum essenziell sind. Hier sollen nun Grundlagen zum chemischen Gleichgewicht aufgezeigt werden.

2.2.1 Verlauf einer chemischen Reaktion

Eine chemische Reaktion läuft nicht nur in eine Richtung. Es gibt eine Hin- und eine Rückreaktion. Dieser Sachverhalt wird mit einem Doppelpfeil (siehe Abschn. 2.1) in der Reaktionsgleichung dargestellt. Der Verlauf einer chemischen Reaktion kann in folgender Weise in einem Diagramm dargestellt werden: Die Energie des Systems wird über der Reaktionskoordinate, dem fiktiven Fortschritt der Reaktion, aufgetragen. Ein solches Diagramm ist für eine Reaktion schematisch in Abb. 2.1 dargestellt.

Im Diagramm können zwei elementar wichtige Sachverhalte erkannt werden:

1. Es gibt eine Energiedifferenz (z. B. $\Delta_R H$) zwischen Edukten und Produkten. Eine exotherme Reaktion zeichnet sich durch eine negative Differenz und eine endotherme Reaktion durch eine positive Energiedifferenz aus.
2. Entlang der Reaktionskoordinate gibt es ein Energiemaximum zwischen den Niveaus der Edukte und Produkte, den Übergangszustand ($ÜZ^{\ddagger}$). Die Aktivierungsenergie E_A gibt an, welche Energie ein Teilchen mindestens haben muss, um den Übergangszustand zu erreichen, damit die Reaktion zu den Produkten erfolgen kann.

Prinzipiell kann von der Position des Übergangszustands aus die Reaktion in beide Richtungen, also zu den Edukten oder Produkten, erfolgen. Der Übergangszustand kann von beiden Seiten aus erreicht werden. Daher kann jede chemische Reaktion als ein Gleichgewicht zwischen den Edukten und den Produkten angesehen werden. Dabei fällt auf, dass ausgehend vom energetisch günstigeren Zustand (B) der Aktivierungsberg höher ist und somit die Reaktion B $\longrightarrow$ $ÜZ^{\ddagger}$ weniger wahrscheinlich ist als die Reaktion A $\longrightarrow$ $ÜZ^{\ddagger}$. Oft ist die Energiedifferenz sogar so hoch, dass

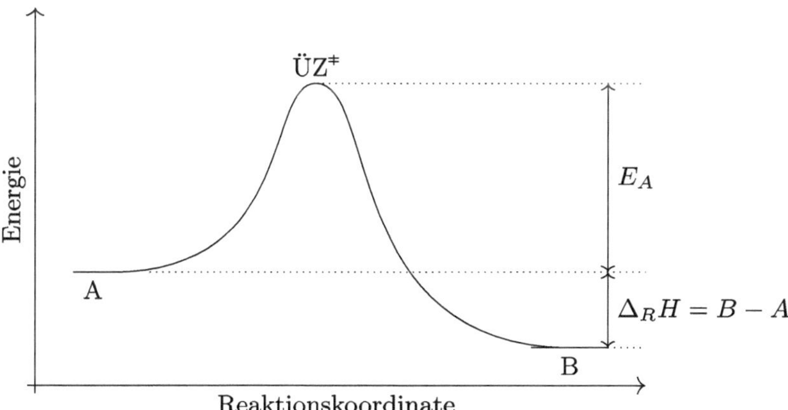

Abb. 2.1 Schematische Darstellung eines energetischen Verlaufs einer exothermen chemischen Reaktion. Als Energie wurde beispielhaft die Enthalpie (H) gewählt. A ist das Energieniveau der Edukte, B das der Produkte, E_A ist die Aktivierungsenergie, $\Delta_R H$ ist die Energiedifferenz zwischen Edukten (hier nur A) und Produkten (hier nur B), $ÜZ^{\ddagger}$ bezeichnet den Übergangszustand

die Rückreaktion kaum abläuft. Ebenso ist es möglich, dass, obwohl ein deutliches Energiegefälle Richtung A $\longrightarrow$ B besteht, die Aktivierungsenergie so hoch ist, dass auch die Überführung A $\longrightarrow$ ÜZ‡ sehr unwahrscheinlich ist und somit keine Reaktion unter den gegebenen Bedingungen stattfindet. Ein gutes Beispiel hierfür ist die Umwandlung von Diamant in Grafit. Letztere ist die bei 20 °C und 1 bar Druck thermodynamisch stabilere Modifikation des Kohlenstoffs. Allerdings ist die Aktivierungsenergie so hoch, dass bei Raumtemperatur keine Reaktion beobachtet werden kann.

Zusammenfassend kann gesagt werden: Ist die Aktivierungsenergie nicht allzu hoch, so findet eine Reaktion statt. Ist die Energiedifferenz zwischen A und B klein, so stellt sich ein beobachtbares chemisches Gleichgewicht ein.

2.2.2 Das dynamische Gleichgewicht

Im chemischen Gleichgewicht kommen die Reaktionen nicht zum Erliegen. Es stellt sich ein konstantes Konzentrationsverhältnis zwischen Edukten und Produkten ein, das durch die Gleichgewichtskonstante K beschrieben wird. Wird diese Konstante kinetisch hergeleitet, müssen die Reaktionsgeschwindigkeiten v der Hin- und Rückreaktion gleichgesetzt werden. Für die Reaktion A $\underset{\mathrm{k_{-1}}}{\overset{\mathrm{k_1}}{\rightleftharpoons}}$ B kann formuliert werden:

$$v = k \cdot \prod_{\text{Edukte}} c_i^{|v_i|} \qquad \text{Allgemein} \qquad (2.1)$$

$$v_{\text{Hin}} = k_1 \cdot c_A \qquad \text{Hinreaktion} \qquad (2.2)$$

$$v_{\text{Rück}} = k_{-1} \cdot c_B \qquad \text{Rückreaktion} \qquad (2.3)$$

$$K_c = \frac{k_1}{k_{-1}} = \left(\frac{c_B}{c_A}\right)_{\text{Gleichgewicht}} \qquad (2.4)$$

Dabei ist k die temperaturabhängige Geschwindigkeitskonstante, c die Konzentration und v der stöchiometrische Faktor (siehe Abschn. 2.1) eines Edukts der Reaktion (i steht für das jeweilige Edukt). Die Produkte der Hinreaktion sind dann die Edukte der Rückreaktion. Die resultierende Gleichung wird Massenwirkungsgesetz genannt.

2.2.3 Die thermodynamische Gleichgewichtskonstante

Bei hohen Konzentrationen kommt es zu Wechselwirkungen zwischen den Teilchen und damit zu einem abweichenden Verhalten. Um diese Wechselwirkungen zu berücksichtigen, wird ein konzentrationsabhängiger Faktor f, der Aktivitätskoeffizient, eingeführt. Dieser Faktor stellt den Zusammenhang zwischen der Konzentration und der chemisch wirksamen Konzentration, der Aktivität a (einheitenlos), dar. Wird die Gleichgewichtskonstante mit den Aktivitäten der Reaktionsteilnehmer aufgestellt, so handelt es sich um die thermodynamische Gleichgewichtskonstante K^{+}.

Ebenso können andere konzentrationsäquivalente Größen für das Massenwirkungsgesetz genutzt werden. Zur Unterscheidung wird das Formelzeichen K mit einem entsprechenden Zusatz versehen. Neben der Aktivität ($\rightarrow K^+$) und der Konzentration ($\rightarrow K_c$) werden häufig die Stoffmengenanteile x ($\rightarrow K_x$) oder die Partialdrücke p (bei Gasen) ($\rightarrow K_p$) verwendet. Die Unterscheidung ist in der Literatur nicht immer eindeutig beschrieben. Oft wird *[A]* für die Konzentration oder eine entsprechend äquivalente Größe des Stoffes A genutzt. Egal welche Größe zur Aufstellung der Gleichgewichtskonstante verwendet wird, sie beschreibt immer den Gleichgewichtszustand bei einer gegebenen Temperatur.

Der Aktivitätskoeffizient ist in verdünnten Lösungen ≈ 1. Die Aktivität von reinen Stoffen ist 1. Ein Lösungsmittel liegt in verdünnten Lösungen in einem sehr großen Überschuss vor und wird näherungsweise als reiner Stoff angenommen.

Je nach betrachteter Reaktion kann K_c (analog K_p) einheitenbehaftet sein. Zur Vereinheitlichung wird oftmals nur der Zahlenwert der Konzentration für die Berechnung genutzt, die Konzentration also durch die Standardeinheit (in der Chemie $\frac{\text{mol}}{\text{l}}$) geteilt.

> **!** Der Aktivitätskoeffizient f ist nur bei geringen Konzentrationen ≈ 1 und weicht mit steigender Konzentration nichtlinear davon ab.
> Viele vom Massenwirkungsgesetz abgeleitete Gleichgewichtszusammenhänge (z. B. das Löslichkeitsprodukt) sind daher nur dann gültig, wenn die für die Vereinfachung herangezogenen Randbedingungen (z. B. das Vorhandensein von reinen Stoffen und stark verdünnten Lösungen) erfüllt sind.

2.2.4 Beeinflussung des chemischen Gleichgewichts

Die Lage eines chemischen Gleichgewichts, also das Verhältnis von Edukten zu Produkten, kann nach dem Prinzip des kleinsten Zwangs (Prinzip von Le Châtelier und Braun) verändert werden. Eine exotherme Reaktion kann durch Kühlen, eine endotherme durch Wärmen begünstigt werden. Zu starkes Kühlen kann dazu führen, dass zu wenige Teilchen die nötige Aktivierungsenergie überschreiten und die Reaktion langsamer wird. Höherer Druck treibt das Gleichgewicht auf die Seite mit dem geringeren Volumen und umgekehrt. Das Entfernen von Produkten oder die Zugabe von mindestens einem Edukt im Überschuss verschiebt das Gleichgewicht auf die Seite der Produkte.

Die Geschwindigkeit der Gleichgewichtseinstellung kann mithilfe eines Katalysators verändert werden. Er ändert nicht die Lage des Gleichgewichts (denn die Reaktionsenergie bleibt konstant), beschleunigt oder verlangsamt aber dessen Einstellung, denn die katalysierte Reaktion verläuft über andere Übergangszustände. Die Katalyse zielt auf eine Herabsetzung der Aktivierungsenergie ab.

2.3 pH-Wert

Der pH-Wert ist eine der wichtigsten Größen in der Laboranalytik. Gerade in der Halbmikroanalyse sind viele Reaktionen vom pH-Wert abhängig und führen ausschließlich beim richtigen Wert zum gewünschten Ergebnis. Daher soll hier eine kurze Übersicht zu den häufigen Problemen oder selten behandelten Themen zum pH-Wert gegeben werden.

2.3.1 pH-Wert in Gemischen

Die Abschätzung des pH-Werts von Mischungen ist schwierig. Die mathematische Kombination mehrerer Gleichgewichte wird recht schnell sehr komplex. Um dennoch den pH-Wert abschätzen zu können, empfiehlt sich die Verwendung von Speziationsdiagrammen (Hägg-Diagramme). Die Erstellung und Verwendung zur pH-Wert-Abschätzung wird in unserem Online-Zusatzmaterial auf Springer Extras (http://extras.springer.com/) behandelt.

2.3.2 Lösen von Salzen in Wasser

Beim Lösen von Salzen in Wasser dissoziieren die Salze zunächst in Anionen und Kationen. Die Ionen wiederum können als Säuren bzw. Basen wirken. Ist die Säurewirkung des Kations stärker als die Basewirkung des Anions, so reagiert die Lösung sauer, bei umgekehrtem Verhalten reagiert die Lösung basisch. Sind beide Ionen sehr schwache Säuren bzw. Basen, so reagiert die Lösung neutral. Als Vergleichswert für die Stärke der Säure- bzw. Basewirkung werden die pK_S-bzw. pK_B-Werte genutzt (kleinerer Wert $\hat{=}$ stärker).

Beispiele

Natriumchlorid

$$\mathrm{NaCl} \longrightarrow \mathrm{Na^+ + Cl^-} \qquad \{1\}$$

$$\mathrm{Na^+ + H_2O} \longrightarrow \text{„NaOH“} + \mathrm{H^+} \qquad pK_S > 14, \text{ sehr schwache Säure} \qquad \{2\}$$

$$\mathrm{Cl^- + H_2O} \longrightarrow \mathrm{HCl + OH^-} \qquad pK_B > 14, \text{ sehr schwache Base} \qquad \{3\}$$

Sowohl das Natrium-Ion als auch das Chlorid-Ion sind so schwache Säure bzw. Base, dass der pH-Wert nicht beeinflusst wird und das Salz, bzw. dessen Lösung, neutral reagiert.

Kaliumhydrogenphosphat

$$K_2HPO_4 \longrightarrow 2\,K^+ + HPO_4^- \qquad \{4\}$$
$$K^+ + H_2O \longrightarrow \text{„KOH"} + H^+ \qquad pK_S > 14\text{, sehr schwache Säure} \qquad \{5\}$$
$$HPO_4^{2-} + H_2O \longrightarrow H_2PO_4^- + OH^- \qquad pK_B = 6{,}79\text{, mittelstarke Base} \qquad \{6\}$$
$$HPO_4^{2-} \longrightarrow H^+ + PO_4^{3-} \qquad pK_S = 12{,}32\text{, schwache Säure} \qquad \{7\}$$

Das Hydrogenphosphat-Ion wird bevorzugt als Base reagieren und somit ist der pH-Wert der Lösung basisch.

Ammoniumnitrat

$$NH_4NO_3 \longrightarrow NH_4^+ + NO_3^- \qquad \{8\}$$
$$NH_4^+ \longrightarrow NH_3 + H^+ \qquad pK_S = 9{,}25\text{, schwache Säure} \qquad \{9\}$$
$$NO_3^- + H_2O \longrightarrow HNO_3 + OH^- \qquad pK_B > 14\text{, sehr schwache Base} \qquad \{10\}$$

Die saure Reaktion des Ammonium-Ions bestimmt den pH-Wert der Lösung.

Kaliumoxid

$$K_2O \longrightarrow 2\,K^+ + O^{2-} \qquad \{11\}$$
$$K^+ \longrightarrow \text{„KOH"} + H^+ \qquad pK_S > 14\text{, sehr schwache Säure} \qquad \{12\}$$
$$O^{2-} + H_2O \longrightarrow 2\,OH^- \qquad pK_B < 0\text{, sehr starke Base} \qquad \{13\}$$

Die basische Reaktion des Oxid-Ions bestimmt den pH-Wert der Lösung.

2.3.3 Häufige Probleme

Berechnung des pH-Werts Alle Formeln, die zum Berechnen des pH-Werts aus der Konzentration dienen, gelten nur in verdünnten Lösungen. Bei höheren Konzentrationen ist der Aktivitätskoeffizient deutlich von 1 verschieden, sodass die Berechnung nicht mehr auf diese Weise erfolgen kann.

Unterscheidung zwischen basisch, ammoniakalisch und alkalisch In der Beschreibung einer Reaktion wird oft von einem basischen, ammoniakalischen oder alkalischen Milieu gesprochen. Dabei bedeutet „basisch", dass der pH-Wert größer als 7 ist. Eine ammoniakalische Lösung besitzt ebenfalls einen pH-Wert größer 7, allerdings weil in dieser Lösung Ammoniak (im Überschuss, mittelstarke Base) im Gleichgewicht mit Ammonium-Ionen (schwache Säure) steht.

$$NH_3 + H^+ \rightleftharpoons NH_4^+ \qquad \{14\}$$

Eine alkalische Lösung hat ebenfalls einen pH-Wert größer 7, allerdings wurde sie durch Zugabe von Alkalimetallhydroxiden hergestellt (sehr starke Basen), sodass kein Puffersystem zur Verfügung steht.

Richtige Verwendung von Universalindikatorpapier Jedes Indikatorpapier ist mit einer bestimmten Indikatorenmischung hergestellt worden und darf ausschließlich mit der dafür vorgesehenen Skala verwendet werden. Andernfalls stimmt der mit der Farbskala bestimmte pH-Wert nicht mit dem tatsächlichen pH-Wert überein.

Neutralisieren von starken Säuren und Basen Das Neutralisieren von starken Säuren benötigt eine starke Base. Leider wird damit auch gleichzeitig ein weiteres Kation zugegeben. Sofern die Säure flüchtig ist (z. B. HCl) kann sie auch zum Teil durch Abrauchen entfernt werden. Die zurückbleibende Lösung kann dann mit Ammoniak oder durch Verdünnen weiter Richtung Neutralpunkt (pH = 7) getrieben werden. Für Basen gilt das Gleiche.

Tipp!

Die Verwendung von konz. Säuren und auch Basen sollte nur dann erfolgen, wenn es unbedingt notwendig ist.

2.4 Lösungs- und Fällungsgleichgewichte

Liegt ein „unlöslicher" Feststoff (ein Salz KA, bestehend aus Kationen K^+ und Anionen A^-) in einer gesättigten Lösung, so besteht ein Gleichgewicht zwischen dem Auflösen und dem Ausfallen.

$$KA \rightleftharpoons K^+ + A^- \qquad \{15\}$$

Für diesen speziellen Fall des Gleichgewichts wird für die Gleichgewichtskonstante vom Auflösen des Feststoffs ausgegangen. Dabei ist die Aktivität des ungelösten, reinen Feststoffs $a_{KA} = 1$ und der Einfluss des Wassers, das die entstehenden Ionen solvatisiert, wird vernachlässigt, denn aufgrund der sehr stark verdünnten Lösung („unlöslicher" Feststoff) kann von einer Aktivität des Wassers von $a_{H_2O} \approx 1$ ausgegangen werden. Es werden bevorzugt die Konzentrationen statt der Aktivitäten für die Berechnungen genutzt. In der stark verdünnten Lösung ist der Aktivitätskoeffizient $f \approx 1$.

Im Folgenden wird zur Veranschaulichung für alle Konzentrationen $c = \frac{c^*}{\frac{\text{mol}}{\text{l}}}$ verwendet, wobei c^* die Konzentration und c nur deren Zahlenwert (ohne Einheit) ist.

Die vereinfachte Gleichgewichtskonstante wird dann als K_L (einheitenlos) bezeichnet.

$$K^+ = \frac{a_{K^+} \cdot a_{A^-}}{a_{KA} \cdot a^n_{H_2O}} \quad (2.5)$$

$$K_L = c_{K^+} \cdot c_{A^-} \quad (2.6)$$

Aus der Gleichgewichtskonstante K_L kann bei schwer löslichen Feststoffen die Sättigungskonzentration c_s des Feststoffs berechnet werden. Das Verhältnis von in die Lösung gehenden Kat- und Anionen ist durch deren Ladungsbilanz (und somit durch die Stöchiometrie des Salzes) gegeben.

$$c_{K^+} = c_{A^-} \quad (2.7)$$

$$K_L = c^2_{K^+} \quad (2.8)$$

$$c_s = \sqrt{K_L} = c_{K^+} = c_{A^-} \quad (2.9)$$

Allgemein gilt für ein Salz K_aA_b:

$$c_s = \sqrt[a+b]{\frac{K_L}{a^a \cdot b^b}} = \frac{c_{K^+}}{a} = \frac{c_{A^-}}{b} \quad (2.10)$$

> ! Bei leichtlöslichen Stoffen kann diese Variante nicht genutzt werden, weil eine so hohe Konzentration erhalten wird, dass der Aktivitätskoeffizient f der Ionen deutlich von 1 abweicht. Hinzu kommt, dass pro Ion mehrere Wassermoleküle für die Hydratisierung benötigt werden, sodass es möglich ist, dass die Wasseraktivität nicht mehr ≈ 1 ist.

Durch gezielte Zugabe von einer Lösung, die mindestens einen Bestandteil des Salzes enthält, kann die Konzentration der anderen Komponente deutlich verringert werden. Dieses Verfahren wird „gleichioniger Zusatz“ genannt.

Beispiel

Zu einer 0,1 M Kaliumchlorid-Lösung wird ein Tropfen Silbernitrat-Lösung gegeben. Wie hoch ist die Silber(I)-Ionen-Konzentration? Hinweis: Die Konzentrationsänderung der Chlorid-Ionen durch das Ausfallen des Silberchlorids und die Verdünnung durch die Zugabe des Tropfens Silber(I)-nitrat-Lösung werden vernachlässigt.

$$K_L = c_{Ag^+} \cdot c_{Cl^-} = 2 \cdot 10^{-10} \quad (2.11)$$

$$c_{Ag^+} = \frac{K_L}{c_{Cl^-}} \quad (2.12)$$

$$c^*_{Ag^+} = 2 \cdot 10^{-9} \frac{\text{mol}}{\text{l}} \quad (2.13)$$

Auch fremdionige Zusätze beeinflussen die Löslichkeit schwer löslicher Salze. So löst sich AgCl in 1 M Kaliumsulfat-Lösung besser als in Wasser, weil die Ionenstärke der Lösung (bestimmt durch die Konzentration und Ladung **aller** Ionen in der Lösung) zur deutlichen Verkleinerung der Aktivitätskoeffizienten f_{Ag^+} und f_{Cl^-} führt.

2.4.1 Kristallisation

Kristallisation setzt immer dann ein, wenn eine gewisse Übersättigung ($c > c_s$) erreicht wird. Die Übersättigung kann durch Variation der Temperatur erzielt werden, wobei von einem Bereich hoher Löslichkeit in einen Bereich geringerer Löslichkeit gewechselt wird. Eine weitere Möglichkeit ist, das Lösungsmittel teilweise zu verdampfen und somit eine Übersättigung zu erreichen. Die Zugabe eines schlechteren Lösungsmittels bewirkt ebenfalls einen starken Anstieg der Konzentration über die Sättigungsgrenze hinaus (durch deren Herabsetzen).

Die Kristallisation setzt sich aus zwei Prozessen zusammen: der Keimbildung (Bildung neuer Kristalle aus der Lösung) und dem Keimwachstum (Wachstum vorhandener Kristalle). Beide bauen die Übersättigung ab. Aus kinetischer Sicht ist bei geringeren Übersättigungen das Keimwachstum schneller als die Keimbildung. Zur Zucht von Einkristallen sollte daher keine zu große Übersättigung vorhanden sein. Aus thermodynamischer Sicht gibt es einen minimalen Keimradius, ab dem ein Keim sich nicht wieder auflöst, sondern wächst. Wird in eine leicht übersättigte Lösung, in der gar nicht oder nur sehr langsam Keime entstehen, ein Kristallkeim (Impfkristall) gegeben, so wird dieser bevorzugt wachsen. Sowohl thermodynamisch als auch kinetisch ist die Anlagerung an den vorhandenen Kristall günstiger als die Ausbildung weiterer Keime. Dies liegt in der Tatsache begründet, dass Grenzflächen (also die Oberfläche von Kristallen) energiereich sind, deren Bildung also einen gewissen Energieaufwand darstellt, und deren Minimierung (großes Volumen-zu-Oberfläche-Verhältnis des Kristalls) daher erstrebenswert ist.

Wird eine große Übersättigung erzeugt, z. B. durch schnelles Zugeben eines schlechteren Lösungsmittels, fallen sehr schnell winzig kleine, meist unsaubere, Kristalle aus. Eine Umkristallisation durch Auflösen und langsames Auskristallisieren, z. B. durch die Änderung der Temperatur, ist dann zur Reinigung der Kristalle nötig. Einen qualitativen Überblick über den Zusammenhang zwischen Übersättigung und Kristallgröße gibt Abb. 2.2.

Tipp! Für die Kristallzucht ist es sinnvoll, die nötige geringe Übersättigung durch sehr langsames Verdampfen des Lösungsmittels, zum Beispiel unter einer Wärmelampe (IR-Lampe), zu erreichen.

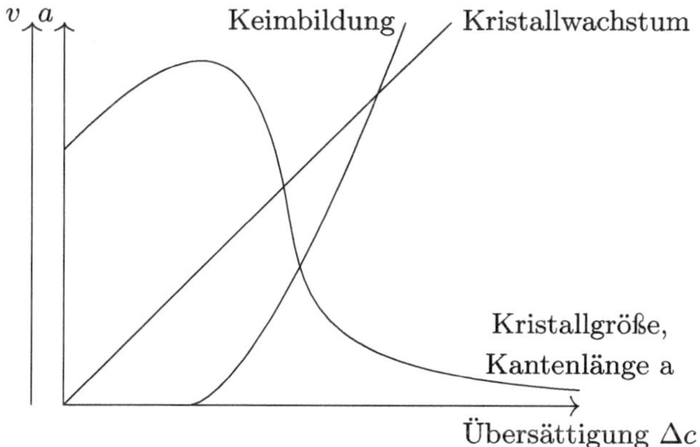

Abb. 2.2 Kristallgröße bzw. Kantenlänge a der gebildeten Kristalle und Reaktionsgeschwindigkeit v von Keimbildung und Kristallwachstum in Abhängigkeit von der Übersättigung. Bei geringer Übersättigung überwiegt das Kristallwachstum und es entstehen wenige große Kristalle, bei höherer Übersättigung überwiegt die Keimbildung und es entstehen viele kleine Kristalle

2.5 Komplexbildungsgleichgewichte

Komplexbildungsreaktionen sind häufige gewünschte, aber oft auch störende Reaktionen in der Halbmikroanalytik.

Die Komplexbildung kann ebenfalls durch Gleichgewichte beschrieben werden. Dabei lagert sich in jedem Reaktionsschritt nur ein Ligand an das Zentralteilchen an. Die Gleichgewichtskonstante für die Teilschritte wird mit K_1, K_2, ... bezeichnet, die der Gesamtreaktion als K_A (Komplexassoziationskonstante) oder als β (Bruttokomplexbildungskonstante) und beschreibt die Stabilität des Komplexes. Der Zerfall des Komplexes verläuft analog, die Bruttogleichgewichtskonstante heißt dann K_D (Komplexdissoziationskonstante).

> **!** Bei hohen Konzentrationen ist die Wahrscheinlichkeit für Nebenreaktionen ebenfalls erhöht, weil einige Komplexe durch die unterschiedliche Aktivitätsänderung (der Aktivitätskoeffizient ist nicht mehr ≈ 1) stabiler oder weniger stabil werden können. Durch die für die Hydratisierung benötigten Wassermoleküle kann es ebenfalls dazu kommen, dass die Wasseraktivität von 1 verschieden ist und mit eingerechnet werden müsste.

> **!** Die Komplexbildung im wässrigen Medium wird häufig in der Form $M^{n+} + L \longrightarrow [ML]^{n+}$ beschrieben. Dabei ist zu beachten, dass das Ion M^{n+} bereits hydratisiert, z. B. als Aquakomplex $[M(H_2O)_6]^{n+}$ vorliegt und die Komplexbildung nicht eine Ligandenanlagerung (Addition von L) sondern einen Ligandenaustausch (Substitution von H_2O durch L) beschreibt.

2.6 Nernst-Gleichung

Die Nernst-Gleichung stellt die Abhängigkeit des Elektrodenpotenzials von der Konzentration (bzw. Aktivität) und der Temperatur dar. Durch sie können die Elektrodenpotenziale von Redoxpaaren in Lösungen aus den Standard-Elektrodenpotenzialen berechnet oder zumindest abgeschätzt werden. Außerdem bildet sie die Grundlage für viele instrumentelle analytische Verfahren. Sie enthält die universelle Gaskonstante R, die thermodynamische Temperatur T, die Faraday-Konstante F, die Aktivitäten aller in der Teilgleichung (Oxidation oder Reduktion) enthaltenen Stoffe mit den entsprechenden stöchiometrischen Faktoren $a_i^{\nu_i}$ und das elektrische Potenzial des betrachteten Redoxpaars bei Standardbedingungen $E^{\ominus}$. Zur Vereinfachung werden die Konzentrationen statt der Aktivitäten verwendet. Die Aktivität von Wasser in verdünnten wässrigen Lösungen ist ≈ 1.

$$E = E^{\ominus} - \frac{RT}{Fz} ln\Big(\prod_i c^{\nu_i}\Big) \tag{2.14}$$

Der Einfluss der Temperatur ist im qualitativen-analytischen Praktikum meist zu vernachlässigen. Wichtig hingegen ist zu beachten, dass der pH-Wert auf einige Redoxpaare einen enormen Einfluss hat: Bei dem Redoxpaar $MnO_4^- + 8\,H^+ + 5\,e^- \rightleftharpoons Mn^{2+} + 4\,H_2O$ geht die Protonenaktivität (bzw. die Protonenkonzentration) in der achten Potenz ein:

$$E = E^{\ominus} - \frac{RT}{Fz} ln\left(\frac{c_{Mn^{2+}}}{c_{MnO_4^-} \cdot c_{H^+}^8}\right) \tag{2.15}$$

> **!** Wird die Konzentration zu hoch, so ist der Aktivitätskoeffizient f nicht mehr ≈ 1 und es werden keine sinnvollen Ergebnisse beim Rechnen mit den Konzentrationen erhalten.

> 
> Beim Arbeiten mit dem Trennungsgang muss sehr auf korrekte pH-Werte und störende Ionen geachtet werden, um unerwünschte Redoxreaktionen zu verhindern und erwünschte Reaktionen zu ermöglichen.

2.7 Beeinflussung von Gleichgewichten untereinander

Beim praktischen Arbeiten muss stets darauf geachtet werden, dass Sachverhalte, die theoretisch einzeln betrachtet wurden, sich in Wirklichkeit gegenseitig beeinflussen: Fällungsgleichgewichte werden von z. B. einem Komplexbildungsgleichgewicht oder dem pH-Wert beeinflusst; das Redoxpotenzial ändert sich mit dem pH-Wert, zu hohe Konzentrationen verändern die Aktivitätskoeffizienten, Lösungsmittel können zu Reaktanden werden usw. Einen Überblick über alle möglichen Einflüsse zu haben, ist sehr schwer möglich. Daher sind praktische Erfahrungswerte und Übung am Beispiel wichtig für das Verständnis der ablaufenden Reaktionen und für die Einschätzung, welche Effekte berücksichtigt werden müssen.

Arbeitsplatzausstattung 3

Inhaltsverzeichnis

Die in der Halbmikroanalyse verwendeten Geräte sind den meisten Auszubildenden und Studenten zu Beginn der Ausbildung bzw. des Studiums noch nicht bekannt. Daher sollen alle Geräte eines Arbeitsplatzes zur Halbmikroanalyse hier aufgeführt werden. Einige Geräte sind im Anhang A als Zeichnung zu finden.

3.1 Geräte aus Glas

Glasgeräte haben den Vorteil, dass sie sehr chemikalienresistent (abgesehen von stark alkalischen bzw. sauren fluoridhaltigen Lösungen) und leicht zu reinigen sind. Allerdings sind sie schwer und zerbrechlich (scharfe Kanten!). Daher ist im Umgang mit Glasgeräten vor allem die Bruchgefahr durch Sorgfalt gering zu halten. Um Beständigkeit der Geräte gegen Temperaturschocks zu gewährleisten, sollte vorzugsweise Borosilicatglas verwendet werden.

Abdampfschale Die Abdampfschale ist eine dünnwandige Glasschale mit flachem Boden. Aufgrund der großen Oberfläche eingefüllter Flüssigkeiten ist sie zum Abrauchen und Einengen geeignet.

Bechergläser Bechergläser aus Borosilicatglas sind für das Erwärmen größerer Flüssigkeitsmengen geeignet. Sie besitzen außerdem einen Ausguss und sind in

M. Herbig und J. Wagler, *Qualitative Anorganische Analyse*,
https://doi.org/10.1007/978-3-662-57850-6_3

breiter und hoher Form erhältlich. Ein breites Becherglas mit 400 ml Nennvolumen wird für das Wasserbad verwendet.

Halbmikrorührstab Es handelt sich um einen speziellen, auf die Größe der verwendeten Reagenzgläser abgestimmten Glasstab, der an einem Ende eine Verdickung aufweist. Diese wird beim Eintauchen in die Lösung umströmt, was zu einer guten Durchmischung führt. Das schmale Ende kann zum Rühren in dünneren Gefäßen, wie Zentrifugengläschen, genutzt werden.

Ionenaustauscherrohr Das Ionenaustauscherrohr wird mit einem Ionenaustauscherharz gefüllt. Mit ihm können Anionen oder Kationen aus einer Lösung durch andere Ionen mit äquivalenter Ladung ausgetauscht werden. In der qualitativen Halbmikroanalytik wird das Verfahren des Ionenaustauschs heute selten eingesetzt.

Kipp'scher Gasentwickler Der Kipp'sche Gasentwickler wurde von Petrus Jacobus Kipp in den frühen 1840er-Jahren entwickelt und 1844 erschien die erste Veröffentlichung darüber. Er wird genutzt, um Gase bei Bedarf aus lagerfähigen Substanzen herzustellen, ohne die Apparatur jedes Mal neu befüllen zu müssen.

Der Kipp'sche Apparat besteht aus einem hohlen Standfuß, auf dem zwei getrennte Kugeln aufgesetzt sind. Von der oberen Kugel führt ein Glasrohr durch die untere Kugel bis in den Standfuß, der durch eine Siebplatte mit der unteren Kugel verbunden ist. An der unteren Kugel befindet sich ein Ansatz für einen Hahn zur Entnahme des Gases. Auf der Siebplatte liegt ein Feststoff, der zur Gasentwicklung verwendet wird. Über die obere Kugel wird eine Flüssigkeit, die mit dem Feststoff zusammen das Gas entwickeln soll, eingefüllt. Dann wird die obere Kugel mit einem Gärröhrchen zum Druckausgleich verschlossen. Die Flüssigkeit läuft über das Glasrohr zum Feststoff und bildet das gewünschte Gas. Ist der Entnahmehahn geschlossen, baut sich in der unteren Kugel ein Überdruck auf, der die Flüssigkeit in die obere Kugel drückt und damit vom Feststoff trennt; die Gasentwicklung endet.

Kochbecher Sollten einmal größere Mengen einer Stammlösung zubereitet werden müssen (z. B. beim Sodaauszug), so eignet sich der Kochbecher dafür. Er ist ein breiteres und dickwandigeres Reagenzglas (Durchmesser ca. 2 cm). Für den Kochbecher müssen spezielle Stellplätze im Wasserbadeinsatz vorhanden sein.

Mikrogaskammer Die Mikrogaskammer besteht aus einem Glasring, der zwischen zwei Objektträger oder zwischen die Tüpfelplatte und einen Objektträger gelegt wird.

Objektträger und Deckgläschen Objektträger und Deckgläschen werden hauptsächlich für die Mikroskopie benötigt. Die Objektträger werden außerdem beim Aufbau der Mikrogaskammer verwendet und die Deckgläschen für die Ätzprobe. Es ist zu beachten, dass das Objektträger-Glas viele Spannungen aufweisen kann, weshalb Objektträger beim Erhitzen schnell zerspringen können.

Reagenzgläser In der Halbmikroanalyse verwendete Reagenzgläser sind aus Borosilicatglas und weisen einen Durchmesser von ca. 0,7 bis 1 cm auf. Die Höhe ist variabel zwischen 6 und 10 cm.

Reagenzienflaschen In der Halbmikroanalyse wird mit kleinen Substanzmengen gearbeitet. Diese aus Vorratsflaschen zu entnehmen, ist unpraktisch. Für Flüssigkeiten wesentlich einfacher zu handhaben sind Reagenzienflaschen, die als Verschluss einen Tropfer haben. Dabei gibt es Schraubflaschen, die meistens verwendet werden, und Schliffflaschen, die für ausgasende Lösungen (wie z. B. konz. HCl-Lösung oder konz. NH_3-Lösung) oder leicht flüchtige Stoffe (wie viele org. Lösungsmittel) Verwendung finden. Das Volumen der Flaschen sollte bei etwa 30 ml liegen, mehr würde eine zu große Verunreinigungsgefahr bei andauernder Nutzung bedeuten, während geringere Volumina zu häufiges Nachfüllen aus den Vorratsflaschen erfordern würden.

Tropfer Tropfer, auch Pasteur-Pipetten genannt, werden zum Umfüllen von kleinen Flüssigkeitsmengen verwendet. Zur Nutzung als Tropfer werden sie mit einem Gummisauger versehen. Tropfer mit lang ausgezogener Spitze, ohne Gummisauger, können außerdem als Gaseinleitungsröhrchen verwendet werden.

Uhrgläser Uhrgläser sind konkave, flache Glasschälchen, die zum langsamen Abdampfen von Flüssigkeiten (zum Trocknen von Feststoffen oder zum Einengen von Lösungen) oder zum Abdecken von Bechergläsern genutzt werden.

3.2 Geräte aus Porzellan

Für die meisten Zwecke genügt die Verwendung von „Laborporzellan“, dies ist ein Aluminiumsilicat. Teurere Spezialkeramiken, wie oxidfreie Porzellane oder Sinterkorund-Keramik, sind meist nicht nötig.

Mörser Der Mörser ist eine dickwandige Porzellanschale, die innen angeraut ist. Dazu gehört ein Pistill (auch Stößel genannt). Feststoffe werden durch Reiben mit dem Pistill im Mörser zerkleinert und vermischt.

Porzellanschale Die Porzellanschale ist dünnwandig und besitzt einen runden Boden.

Porzellantiegel mit Deckel Der Porzellantiegel sollte eine Höhe von etwa 2,5 cm und einen oberen Durchmesser von ca. 3,1 cm haben und einen passenden Deckel, der sich im kalten wie im warmen Zustand leicht aufsetzen und abnehmen lässt, besitzen.

3.3 Geräte aus Metall

Für Metallgeräte kommen meist Edelstähle, die zusätzlich verchromt oder vernickelt sind, zum Einsatz. Allerdings sind auch Edelstähle nur begrenzt säureresistent und dürfen daher nicht mit stark sauren Lösungen in Berührung kommen.

Bleitiegel Der Bleitiegel ist deutlich dickwandiger als alle anderen Tiegel. Sein Deckel besitzt ein mittig sitzendes Loch. Er ist resistent gegen konz. Schwefelsäure, kann allerdings nicht so hoch erhitzt werden, ohne zu schmelzen. Der Bleitiegel wird daher ausschließlich in der Porzellanschale mit etwas Wasser auf der Grafit-/Ceranplatte erwärmt. Für Reaktionen im Bleitiegel (Ätzprobe, Wassertropfenprobe) genügt das Erwärmen auf 60–70 °C im Wasserbad.

Brenner Als Brenner wird meist ein Bunsen- oder besser Teclubrenner verwendet. Das Kaminrohr des Brenners muss sauber gehalten werden. Der Brenner hat zwei Ventile: eines um die Luftzufuhr zu regulieren und damit zwischen einer leuchtenden und einer rauschenden Flamme umzuschalten, und eines um die Gaszufuhr und damit die Leistung zu regulieren. Das Anzünden des Brenners erfolgt immer direkt über dem Kaminrohr. Andernfalls wird das nachströmende, kalte Gas die Flamme löschen.

Drei- oder Vierfuß Der Drei- bzw. Vierfuß wird genutzt, um Gefäße über bzw. in der Flamme eines Brenners zu erhitzen. Mit einem aufgesetzten Tondreieck kann beispielsweise ein Porzellan- oder Nickeltiegel direkt in der Flamme erhitzt werden. Des Weiteren kann eine Grafit- oder Ceranplatte auf den Drei- bzw. Vierfuß aufgelegt werden, um über der Brennerflamme Substanzen in Bechergläsern oder Abdampfschalen zu erhitzen, ohne dass diese direkten Kontakt mit der Flamme haben. Das ist z. B. beim Abrauchen in der Abdampfschale sinnvoll.

Nickeltiegel Der Nickeltiegel ähnelt dem Porzellantiegel, besteht allerdings aus Nickel. Er wird für Arbeiten, bei denen das Material des Porzellantiegels stören kann, eingesetzt. In ihm dürfen keine starken Säuren verwendet oder Schwefel geschmolzen werden. Chemikalienresistenter, aber deutlich teurer, wäre ein Platintiegel. Zum Nickeltiegel ist ein passender Deckel (auch aus Nickel) nötig.

Spatel Es gibt verschiedene Ausführungen an Spateln. Meist wird ein Löffelspatel verwendet, dessen eine Seite einen Löffel besitzt, während die andere flach ist. Spatel gibt es auch aus anderen Materialen, wie Kunststoff, Porzellan, Holz, Horn usw.

Tiegelzange Eine Tiegelzange wird zum Berühren und Greifen von heißen Gegenständen, wie Tiegeln, Tiegeldeckeln, Magnesiastäbchen und -rinnen usw., und beim Schmelzen von Glasgeräten genutzt.

3.4 Weitere Geräte

Handspektroskop Das Handspektroskop ist ein optisches Gerät, das einfallendes Licht spektral auftrennt. Dabei wird eine Skala angezeigt, um die Wellenlänge der Spektrallinien zu ermitteln. Die Natrium-D-Linie (589 nm) kann zum Kalibrieren genutzt werden. Außerdem kann die Größe des Einfallschlitzes variiert werden.

Heiz- und Rührwerk In modernen Laboratorien wird nicht mehr alles über dem Brenner erhitzt. Stattdessen gibt es eine elektrische Heizplatte, die oftmals auch ein magnetisches Rührwerk beinhaltet. Letzteres kann genutzt werden, um ein Magnetrührstäbchen (auch Rührfisch genannt, oft mit Teflon oder Glas ummantelt) in einem Gefäß zu bewegen und damit die darin enthaltene Flüssigkeit zu rühren.

Magnesiastäbchen und -rinnen Hochgeglühtes Magnesiumoxid ist hitze- und chemikalienresistent, allerdings spröde, und wird daher zum Erhitzen kleiner Mengen Analysensubstanzen in der Brennerflamme verwendet.

Mikroskop Ein einfaches Mikroskop mit bis zu 400-facher Vergrößerung ist ausreichend. Es wird zur Betrachtung gefällter/kristallisierter Substanzen genutzt.

Pinzette Die Pinzette kann aus verschiedenen Materialien (Plast oder Metall) gefertig sein. Das Ende sollte gebogen und spitz sein.

Reagenzglasgestell Reagenzglasgestelle sind aus Plast oder Holz, seltener aus Metall. Entsprechend sind sie leichter oder schwieriger zu reinigen und unterschiedlich hitzeresistent. Plastgestelle dürfen nicht in den Trockenschrank!

Reagenzglashalter Der Reagenzglashalter wird zum Halten der Reagenzgläser in die Brennerflamme genutzt. Er ist üblicherweise aus Metall oder Holz.

Siedestein Der Siedestein besteht aus einem chemisch inerten Material und besitzt eine große, raue Oberfläche. Er wird in Flüssigkeiten gegeben, um einen Siedeverzug zu verhindern, da an der großen Oberfläche Gasbildungskeime vorhanden sind.

Spritzflasche Die Spritzflasche aus Polyethen kann für verschiedene Lösungsmittel verwendet werden. Oftmals wird im Ausbildungspraktikum nur entmineralisiertes Wasser darin aufbewahrt. Durch Drücken der Flasche gelangt die Flüssigkeit über das interne Steigrohr nach außen. Der Vorteil ist die gute Dosierbarkeit der Flüssigkeitsmenge.

Tondreieck An einem geflochtenen Draht sind drei Tonröhrchen angebracht. In die Mitte des Tondreiecks kann ein Tiegel hineingesetzt und über der Brennerflamme erhitzt werden.

Trichter Trichter werden zum Umfüllen von größeren Mengen Flüssigkeiten oder Feststoffen von Vorratsflaschen mit großer Öffnung in Behälter mit deutlich kleinerer Öffnung benötigt. Dabei ist das Material entsprechend des umzufüllenden Stoffs zu wählen: Brennbare Stoffe dürfen unter keinen Umständen mittels Plasttrichter umgefüllt werden, weil die Gefahr der statischen Aufladung und damit des Funkenschlags und der Entzündung besteht!

Tüpfelplatte Die Tüpfelplatte ist aus Porzellan oder Glas und besitzt Vertiefungen verschiedener Art. Glasplatten haben den Vorteil, dass der Untergrund (hell/dunkel) entsprechend der darauf durchgeführten Reaktion gewählt werden kann.

Wärmelampe Die Wärmelampe, auch IR-Lampe oder Rotlichtlampe genannt, ist eine Wärmequelle zum schonenden Erwärmen oder langsamen Einengen von Lösungen und Feststoffen. Die Lampe eignet sich vor allem zum langsamen Verdampfen von Lösungsmittel/Wasser z. B. bei der Kristallzucht. Die Strahlungsintensität ist nicht für das Vertreiben von Ammoniumsalzen ausreichend.

Wasserbadeinsatz Der Wasserbadeinsatz ist aus Plast, Holz oder Metall und weist verschieden große Bohrungen für Reagenzgläser oder Kochbecher auf. Er wird in ein mit entmineralisiertem Wasser gefülltes Becherglas (meist 400 ml) gestellt.

Zentrifuge In der Halbmikroanalytik wird meist eine elektrische Winkelzentrifuge mit über 10.000 U/min verwendet.

Zentrifugengläser Zentrifugengläser waren früher, wie der Name schon sagt, oft aus Glas. Heute werden zum Zentrifugieren oft sogenannte Eppendorf-Gefäße aus Polypropen mit 2,5 ml Volumen verwendet.

4 Arbeitstechniken

Inhaltsverzeichnis

Die Arbeitstechniken der Halbmikroanalyse sind auch für Anfänger einfach zu erlernen und geben einen guten Einstieg in die praktischen Arbeiten eines Chemikers. Auf den folgenden Seiten sollen grundlegende Arbeitstechniken, wie sie heute in der Halbmikroanalytik in Ausbildungspraktika Verwendung finden, aufgezeigt werden.

4.1 Arbeiten mit Feststoffen

Die Entnahme fester Stoffe aus Vorratsgefäßen erfolgt mit einem sauberen Spatel. Bei gröberen Körpern, wie z. B. Spänen, kann auch die Pinzette verwendet werden. Die Substanz wird dabei niemals ausgeschüttet. Selbstverständlich werden übermäßig entnommene Stoffe nicht in die Vorratsflasche zurückgefüllt. So wird eine Verunreinigung des Chemikalienvorrats von vornherein vermieden. Beim Umfüllen wird praktischerweise die Vorratsflasche über das Gefäß, in welches umgefüllt werden soll, gehalten.

Feste Stoffe werden mithilfe eines Mörsers zerkleinert. Ein Freiberger Mörser (flacher als ein normaler Mörser) ist dahingehend sinnvoll, dass die Substanzen

M. Herbig und J. Wagler, *Qualitative Anorganische Analyse*,
https://doi.org/10.1007/978-3-662-57850-6_4

daraus einfacher vollständig umgefüllt werden können. In der Halbmikroanalyse ist die Homogenität der Probe von besonderer Bedeutung, um auch mit kleinen Probenmengen alle Bestandteile zu erfassen.

Zur Analyse dürfen nur (vom Hersteller garantiert) analysenreine Substanzen genutzt werden. Mit einer sorgfältigen Arbeitsweise muss jede Verunreinigung vermieden werden!

4.2 Arbeiten mit Flüssigkeiten

Das Arbeiten mit Flüssigkeiten, im Speziellen mit Lösungen, ist das größte Arbeitsgebiet der Halbmikroanalyse. Die Analysensubstanzen werden gelöst und aus diesen Lösungen in einzelnen Gruppen ausgefällt.

Die Entnahme, Zugabe und das Umfüllen kleiner Mengen von Flüssigkeiten erfolgt mittels Tropfer. Zum Ansaugen einer Flüssigkeit wird der Gummisauger außerhalb der Lösung zusammengedrückt, der Tropfer in die Lösung getaucht und der Gummisauger losgelassen. Dabei bestimmen das anfänglich durch Zusammendrücken verdrängte Gasvolumen und die Dichte der Flüssigkeit das angesaugte Flüssigkeitsvolumen. Das Abgeben der Flüssigkeit erfolgt wiederum durch das Zusammendrücken des Gummisaugers. Dabei kann, bei geschickter Handhabung, die Flüssigkeit auch tropfenweise abgegeben werden. Es ist jedoch zu beachten, dass die Oberflächenspannung der Flüssigkeit und deren Dichte die Tropfengröße bestimmen. So ist ein Tropfen Wasser stets größer als ein Tropfen konz. Schwefelsäure. Außerdem soll der Tropfen frei in das neue Gefäß fallen können und nicht an der Wandung herunterlaufen (Letzteres wird lediglich beim gezielten Über- und Unterschichten angestrebt). Das Eintauchen der Tropfer selbst in ein Gefäß (z. B. Reagenzglas) kann eine Verunreinigung des Tropfers durch Wandkontakt zur Folge haben und sollte vor allem bei den Tropfern der Reagenzienflaschen vermieden werden.

> **!** Es darf niemals die angesaugte Lösung in den Gummisauger gelangen, weil dann Verunreinigungen der Lösung und Schädigungen des Saugers die Folge sind. Auch durch das schnelle Ansaugen von Luft nach dem Aufnehmen der Lösung kann dies passieren. In diesem Fall ist die angesaugte Lösung zu verwerfen und der Sauger umgehend zu reinigen.

Die meisten Arbeiten werden im Reagenzglas ausgeführt. Dabei sollte das Flüssigkeitsvolumen nicht mehr als 1 ml betragen. Gegebenenfalls muss die Lösung zuvor in der Abdampfschale eingeengt werden. Durch die hohe Konzentration sind Probleme (wie z. B. Konzentrationsfällungen) allerdings deutlich häufiger als in der Makroanalyse. Auch die Durchmischung ist schwieriger: Einfaches Schütteln des Reagenzglases reicht nicht aus; Niederschläge können selbst das Erreichen des Reagenzglasbodens durch das Fällungsmittel behindern. Daher ist stets gut zu durchmischen. Dafür eignet sich in Reagenzgläsern der verdickte Teil des Halbmikrorührers. Für die schmale Spitze der Zentrifugengläser (Aufschlämmen der Sedimente) ist eher der dünne Teil des Rührers oder ein pulsierendes Spülen mit der Tropfpipette geeignet.

Zum Testen des pH-Werts einer Lösung darf keinesfalls Universalindikatorpapier in die Lösung getaucht werden, um eine Verunreinigung der Lösung zu vermeiden. Stattdessen wird mit einem Glasstab, dem Halbmikrorührer oder einer Tropferspitze etwas anhaftende Lösung entnommen und auf das Universalindikatorpapier aufgetragen. Das Papier selbst ist selbstverständlich auf einer sauberen Oberfläche zu lagern und nicht mit den bloßen Händen zu berühren (Haut-pH-Wert ca. 5,5).

4.2.1 Fällung

Im Trennungsgang dient die Fällung der Auftrennung der Elemente in Gruppen. Daher soll die Fällung (der Niederschlag) nur die zu fällenden Elemente enthalten, die Mutterlösung soll hingegen anschließend frei von diesen Elementen sein. Somit ist zu beachten: Bei jeder Fällung muss immer die Vollständigkeit der Reaktion überprüft werden. Oft ist es sinnvoll, die Reaktionslösung zu erwärmen, weil dadurch der Niederschlag schneller zusammenklumpt und sich besser absetzt. Dabei muss beachtet werden, dass sich viele Stoffe besser in warmen als in kalten Lösungsmitteln lösen. Anschließendes Abkühlen der Suspension ist also eine Selbstverständlichkeit. Die Vollständigkeit der Fällung wird durch das Abwarten des Absetzens oder das Zentrifugieren des Niederschlags und anschließende Zugabe von etwas Fällungsmittel auf die klare Lösung geprüft. Fällt kein weiterer Niederschlag aus, so ist die Fällung quantitativ. Soll der Niederschlag weiter analysiert werden, so ist er durch mehrmaliges Waschen von der anhaftenden Mutterlösung zu befreien. Zum Waschen sollte bevorzugt das Fällungsmittel (oder eine Lösung davon) verwendet werden, um ein Wiederauflösen des Niederschlags zu vermeiden.

Wird das Reaktionsprodukt (Niederschlag und/oder überstehende Lösung) nicht weiter benötigt, wie es bei abschließenden Einzelnachweisen der Fall ist, so können die Reaktionen auch auf der Tüpfelplatte ausgeführt werden. Dazu werden die Analysenlösung und die Nachweisreagenzien tropfenweise zugegeben. Die Beobachtung kann durch die Wahl einer geeigneten Untergrundfarbe besser sichtbar gemacht werden. Gerade im Hinblick darauf sind Glastüpfelplatten von Vorteil. Alternativ können einige Tüpfelreaktionen (wenn farbige Lösungen oder Niederschläge entstehen) auch auf Filterpapier durchgeführt werden. Dabei muss sehr sauberes, stark saugfähiges Papier genutzt werden.

In der Halbmikroanalyse ist die Kristallfällung von großer Bedeutung. Sie wird, sofern möglich, direkt auf dem Objektträger durchgeführt. Dafür wird je ein Tropfen der Analysenlösung und des Nachweisreagenzes nebeneinander auf den Objektträger gegeben und beide Flüssigkeiten mithilfe eines Glasstabs an einer kleinen Stelle miteinander in Kontakt gebracht. Nach einiger Zeit werden die entstehenden Niederschläge unter dem Mikroskop betrachtet. Ist der Niederschlag zu fein, kann bei der Vorbereitung ein Tropfen dest. Wasser zwischen die anderen beiden Tropfen gegeben und die drei Flüssigkeiten vorsichtig miteinander verbunden werden. Durch die

Verdünnung erfolgt die Kristallisation langsamer und es bilden sich größere Kristalle. Um ein Eintauchen des Objektivs in die Analysenlösung zu vermeiden, wird die Probe mit einem Deckgläschen abgedeckt. Der Objekttisch wird zunächst möglichst nahe an das Objektiv herangefahren, ohne das Deckgläschen oder die Flüssigkeit zu berühren (Objekttisch von der Seite betrachten) und anschließend (Blick durch das Mikroskop) nur entfernt, bis ein scharfes Bild durch das optische System zu betrachten ist. Besonders wichtig ist, dass nur gut ausgebildete Kristalle zur Identifizierung hilfreich sind. Daher sollten sie sich möglichst langsam bilden und der Objektträger nur in Ausnahmefällen leicht erwärmt werden, sondern lieber offen liegen bleiben, sodass das Wasser langsam verdampfen kann. Dabei ist eine IR-Lampe mit ca. 150 W als schonende Heizquelle hilfreich.

4.2.2 Ausschütteln

Das Ausschütteln ist eine Flüssig-Flüssig-Extraktion. Die Voraussetzungen sind zwei begrenzt mischbare Flüssigkeiten (Lösungsmittel) mit einem möglichst großen Dichteunterschied und ein Stoff, der sich in dem einen Lösungsmittel deutlich besser als im anderen löst. Beispielsweise löst sich Iod in Wasser schlecht, sehr gut jedoch in Chloroform. Beide Lösungsmittel mischen sich nur begrenzt und weisen eine Dichtedifferenz von ca. 0,5 $\frac{g}{cm^3}$ auf. Iod kann aus der wässrigen Phase mit Chloroform durch Ausschütteln extrahiert werden. Bei diesem Arbeitsschritt wird die wässrige Phase in einem Reagenzglas (mit passendem Stopfen) mit Chloroform unterschichtet, sodass sich zwei Phasen und somit eine Phasengrenzfläche bilden. Anschließend wird das Reagenzglas mit dem Stopfen verschlossen und kräftig geschüttelt. Die Bewegung muss orthogonal zur Phasengrenzfläche mit möglichst langem Weg erfolgen (wie beim Mixen von Cocktails), um eine gute Durchmischung zu erreichen. Danach wird gewartet bis sich die Phasen wieder trennen. Damit ist die Extraktion beendet. Bei der Phasentrennung kann es aufgrund der hohen Oberflächenspannung des Wassers dazu kommen, dass eine kleine Menge Chloroform oberhalb der wässrigen Phase verbleibt. Durch leichtes Klopfen mit dem Finger am Reagenzglas können solche Tropfen ggf. zum Absinken bewegt werden.

Die Konzentration, die theoretisch in der Ursprungsphase zurückbleibt, kann über den Nernst'schen Verteilungssatz berechnet werden. Dabei wird das Gleichgewichtskonzentrationsverhältnis des zu extrahierenden Stoffs in den beiden Phasen gebildet. Solche Werte sind für viele Systeme in Tabellenbüchern zu finden. Rechnerisch kann einfach bewiesen werden, dass die Extraktion mit mehreren kleinen Volumina wesentlich effizienter ist als mit einem großen Volumen. Dieser Sachverhalt sollte beim praktischen Arbeiten immer berücksichtigt werden.

> **!** Verteilungskoeffizienten (Konzentrationsverhältnisse) sind nur für reine Stoffe und Lösungsmittel gültig und nicht auf abgewandelte Systeme übertragbar. So ist Iod beispielsweise in Wasser sehr schlecht, jedoch in Iodid-haltiger wässriger Salzlösung sehr gut löslich.

4.3 Erwärmen und Erhitzen

In der Halbmikroanalyse wird zwischen Erwärmen und Erhitzen unterschieden. Erwärmen findet dabei im Wasserbad bei Temperaturen unter 100 °C statt. Erhitzen hingegen erfolgt in der Brennerflamme oder auf der Ceran- bzw. Grafitplatte, also mit hoher Leistung bei hohen Temperaturen.

4.3.1 Erwärmen

Das Wasserbad zum Erwärmen von Reagenzgläsern und Kochbechern (z. B. für den Sodaauszug) besteht aus dem Wasserbadeinsatz, der in ein 400-ml-Becherglas gestellt wird. Das Glas wird anschließend mit entmineralisiertem Wasser gefüllt und auf dem Heiz- und Rührwerk erwärmt und magnetisch gerührt. Alternativ kann das Erwärmen auf der Grafit- bzw. Ceranplatte über dem Brenner bei kleiner Flamme erfolgen. Dabei muss ein Siedestein ins Wasserbad gegeben werden, um Siedeverzug zu vermeiden. Im Wasserbad lassen sich die kleinen Volumina schnell erwärmen und kühlen beim Herausnehmen schnell ab. Der Bleitiegel wird in der mit etwas Wasser gefüllten Porzellanschale auf der Grafit- bzw. Ceranplatte über dem Brenner erwärmt.

Der Bleitiegel darf wegen des niedrigen Schmelzpunkts nicht direkt auf der Platte über dem Brenner erwärmt werden, sondern bei 60–70 °C im Wasserbad.

4.3.2 Erhitzen

Das Erhitzen von Tiegeln (Porzellan- und Nickeltiegel) erfolgt mithilfe des Tondreiecks. Dabei ist die Höhe über der Brennerflamme entscheidend, damit ein Schmelzen der Substanzen innerhalb des Tiegels gewährleistet wird. Der Brenner sollte bei maximaler Leistung betrieben werden und der Boden des Tiegels sollte sich im heißesten Bereich der Flamme (knapp oberhalb des inneren Flammenkegels) befinden.

Auch das Arbeiten mit der Abdampfschale erfolgt auf den Platten über dem Brenner. Dabei wird ein Glasstab in die Analysenlösung gestellt, um den Siedeverzug zu vermeiden. Alternativ kann das Einengen (nicht das Abrauchen) auch mithilfe eines Infrarotstrahlers erfolgen.

Beim Erhitzen über der Brennerflamme muss dem zu erhitzenden Gefäß entsprechend unterschieden werden: Reagenzgläser werden mit dem Reagenzglashalter direkt in die Brennerflamme gehalten, Glühröhrchen mit einem engen Reagenzglashalter oder mit der Tiegelzange. Sind sie mit wässrigen Lösungen oder feuchten Stoffen gefüllt, zeigen sie beim Erhitzen schnell Siedeverzug und der Inhalt spritzt aus dem Gefäß heraus. Daher muss das zu erhitzende Gut mit lockerer Handbewegung permanent in Bewegung gehalten werden. Bei Reagenzgläsern wird der obere

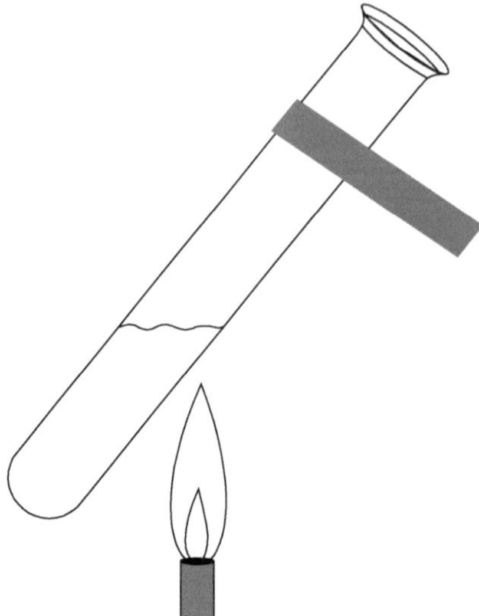

Abb. 4.1 Erhitzen einer Flüssigkeit im Reagenzglas über dem Brenner

Bereich des Flüssigkeitsstands erhitzt (Abb. 4.1). Aus Sicherheitsgründen darf die Öffnung von Reagenzgläsern und Glühröhrchen während des Erhitzens niemals auf Personen gerichtet werden!

4.4 Phasentrennung

Die häufigste in der Halbmikroanalytik benötigte Phasentrennung ist das Entfernen eines Niederschlags aus einer Lösung. Makroanalytisch wird hierbei die Filtration eingesetzt. Zur Filtration wird in einen Analysentrichter ein Filterpapier eingelegt und die Lösung durch das Filterpapier in ein Becherglas filtriert, während der Feststoff vom Papier zurückgehalten wird. Der Analysentrichter ist dickwandiger als ein normaler Glastrichter, damit er bei der Filtration einer heißen Flüssigkeit vorgeheizt werden kann und sich anschließend nicht zu schnell abkühlt. Außerdem besitzt er innen vertiefte und außen erhabene Rillen. Innen sorgen die Rillen dafür, dass das Filterpapier nicht vollständig an der Wandung anhaftet, da sonst das Abfließen der filtrierten Flüssigkeit (Filtrat) erschwert würde. Außen wird ein kleiner Spalt zur Halterung erzeugt, um einen Druckausgleich zur Umgebung zu erhalten. Der Analysentrichter ist am Auslass angeschrägt. Die längere Seite sollte beim Filtrieren die Wandung des Becherglases berühren. Somit wird vermieden, dass sich Tropfen bilden, die das konstante Abfließen des Filtrats behindern. Das verwendete Filterpapier ist dem entsprechenden Zweck anzupassen. Es wird in weiches und hartes Filterpapier unterteilt: Weiches Papier ist großporig und lässt schnell viel Flüssigkeit und kleinere Partikel durchfließen, während hartes Filterpapier feinporig ist und somit nur eine langsame, aber bessere Filtration ermöglicht.

Wegen der möglichen Verluste, die bei makroanalytischen Filtrierverfahren auftreten, wird beim Arbeiten im Halbmikromaßstab fast ausschließlich das Zentrifugieren verwendet. Eine Winkelzentrifuge schafft bei ca. 10.000 Umdrehungen/min die vollständige Trennung von Niederschlag und Lösung innerhalb einer Minute. Dabei ist auf eine gleichmäßige Lastverteilung innerhalb der Zentrifuge zu achten, um eine Beschädigung des Geräts zu vermeiden. Jeweils zwei Zentrifugengläser sollten daher gegenüber positioniert sein und den gleichen Flüssigkeitsstand aufweisen. Die Lösung kann mit einem Tropfer aus dem Zentrifugenglas entfernt werden. Der Niederschlag muss noch mehrfach im Fällungsmittel bzw. dest. Wasser aufgeschlämmt und erneut zentrifugiert werden, um ihn von anhaftender Lösung zu befreien. Dieser Vorgang wird „Waschen" genannt. Die erste Waschlösung kann dabei der verbleibenden Analysenlösung hinzugefügt werden.

4.5 Ionenaustausch

In der qualitativen Analyse stören einige Ionen die Trennung und den Nachweis. Diese können beispielsweise durch einen Ionenaustauscher entfernt werden. Ionenaustauscher sind meist Kunstharze, die funktionelle Gruppen tragen, die Kat- oder Anionen abgeben und dafür gleichsinnig geladene Ionen aus der Umgebung aufnehmen können.

Für die Halbmikroanalyse werden stark saure Ionenaustauscher verwendet. Diese binden zunächst alle Kationen aus der Analysenlösung an das Ionenaustauscherharz und die Anionen werden als Säuren ausgespült und können verworfen werden. Anschließend wird die Säule mehrmals mit entmineralisiertem Wasser nachgespült (1–1,5 ml) und abschließend mit Salzsäure (5 ml, 2 N) die Kationen freigesetzt. Zur Regeneration werden 10 ml 2 N Salzsäure durch den Austauscher laufen gelassen und mit entmineralisiertem Wasser nachgespült.

Beim Arbeiten mit dem Ionenaustauscher sind einige wichtige Fakten zu beachten. So darf der Ionenaustauscher niemals trocken laufen. Außerdem ist der Ionenaustauscher für Analysensubstanzen, die Ionen enthalten, welche schwer lösliche Chloride oder Sulfate bilden, ungeeignet, weil sie sich nicht oder nur sehr schwer herausspülen lassen und somit nicht nur die Analyse, sondern auch das Ionenaustauscherharz negativ beeinflussen.

4.6 Lösen und Aufschließen

Alle Trennschritte des Trennungsgangs und die meisten Nachweise basieren auf dem Ausfällen von Feststoffen aus wässrigen Lösungen. Dazu muss die Analysensubstanz zunächst in Lösung gebracht werden. Schwer lösliche Stoffe müssen dazu ggf. erst aufgeschlossen werden.

4.6.1 Lösen

Zur Orientierung hinsichtlich der Löslichkeiten werden zunächst nur etwa 5 mg der Analysensubstanz verwendet und versucht in den folgenden Lösungsmitteln zu lösen. Im Allgemeinen ist folgende Reihenfolge, jeweils zunächst in der Kälte und anschließend beim Erwärmen im Wasserbad und mit ausreichend Zeit, sinnvoll:

1. Wasser
2. verd. HCl
3. konz. HCl
4. verd. HNO_3
5. konz. HNO_3
6. konz. H_2SO_4
7. Königswasser
8. konz. NH_3
9. konz. NaOH

Bei der Verwendung von konz. Säuren ist der Überschuss nach dem Lösevorgang abzurauchen. Oxidierende Lösungsmittel, wie konz. Salpetersäure oder Königswasser, können auch zur Bildung unlöslicher Bestandteile führen, wie z. B. der Bildung von Zinnstein beim Lösen in Salpetersäure oder dem Ausfallen von Chloriden. Daher ist es wichtig, die Analyse während des Lösens genau zu beobachten. Beim Verdünnen können Hydrolyseprodukte ausfallen und damit Hinweise auf eine mögliche Zusammensetzung geben. Es ist sinnvoll, mehrere „Auszüge" herzustellen und getrennt zu analysieren, um die Störungen gering zu halten. Es ist nötig, bereits zu Beginn der Trennungsgangs (vor der H_2S-Gruppe) Nitrate zu entfernen, weshalb beim Lösen möglichst auf Salpetersäure oder Königswasser verzichtet werden sollte. Diese Chemikalien sollten nur zum Einsatz kommen, wo die Verwendung einer **oxidierenden** Säure für das Auflösen chemisch sinnvoll (und somit erforderlich) erscheint, wie z. B. beim Lösen einiger schwer löslicher Sulfide und edler Metalle.

4.6.2 Aufschließen

Geht die Analysensubstanz bei den Lösungsversuchen nicht vollständig in Lösung, muss der Rückstand aufgeschlossen werden. Im Folgenden sind die vier wichtigsten Aufschlüsse in der Halbmikroanalyse in der Ausbildung, sowie der Aufschluss für Silberhalogenide, aufgeführt. Dabei sollte immer nur der unlösliche Rückstand und nicht die gesamte Analysensubstanz in den Aufschluss gegeben werden.

Saurer Aufschluss

Aufschluss für Oxide von Titan, Eisen, Chrom und Aluminium, im Allgemeinen Oxide von Metallen, die leichtlösliche Sulfate bilden und im Basischen ausfallen.

Durchführung Es werden 10–20 mg der unlöslichen Substanz mit der 5-fachen Menge Kaliumhydrogensulfat vermischt und in einem Porzellan- oder Plantintiegel geschmolzen und ca. 20 min zur Rotglut erhitzt. Die abgekühlte Schmelze wird in Wasser oder verd. Schwefelsäure gelöst und analysiert.

Beispielhafte Reaktionsgleichung

$$Fe_2O_3 + 6\,KHSO_4 \longrightarrow Fe_2(SO_4)_3 + 3\,K_2SO_4 + 3\,H_2O \qquad \{1\}$$

Bemerkungen Auch viele weitere Oxide können aufgeschlossen werden.

Das Tiegelmaterial sollte säurebeständig sein. Daher ist ein Nickeltiegel wenig geeignet.

Basischer Aufschluss

Aufschluss für Silicate, Erdalkalisulfate und -fluoride, Oxide von Zirkonium und Aluminium, Bleisulfat

Durchführung 10–20 mg des unlöslichen Rückstands werden zusammen mit der 5-fachen Menge Natriumcarbonat/Kaliumcarbonat-Mischung (eutektische Mischung) in einem Nickeltiegel geschmolzen und ca. 20 min zur Rotglut erhitzt. Basenlösliche Produkte (Aluminat, Zirkonat, Silicat) können bereits mit Wasser aus dem erkalteten Schmelzkuchen gewaschen werden. Im Fall des Silicats ist ein Lösen in Salzsäure sinnvoll. Bei schlecht löslichen Produkten (Bleicarbonat aus -sulfat, Erdalkalicarbonaten aus ihren Sulfaten oder Fluoriden) wird mit Wasser zunächst das störende Ion (Sulfat oder Fluorid) ausgelaugt, bis im Waschwasser keine dieser Ionen mehr nachweisbar sind. Anschließend wird der Rückstand in verd. Essigsäure gelöst.

Beispielhafte Reaktionsgleichungen

$$BaSO_4 + Na_2CO_3 \longrightarrow BaCO_3 + Na_2SO_4 \qquad \{2\}$$

$$Al_2O_3 + Na_2CO_3 \longrightarrow 2\,NaAlO_2 + CO_2\uparrow \qquad \{3\}$$

Bemerkungen Im Allgemeinen können Stoffe aufgeschlossen werden, die basenlöslich sind. Außerdem können mit diesem Aufschluss schwer lösliche Sulfate bzw. Fluoride, die säurelösliche Carbonate bilden, behandelt werden.

Freiberger Aufschluss

Aufschluss für Zinnstein (SnO_2)

Durchführung 10–20 mg unlöslicher Rückstand wird mit der 6-fachen Menge Natriumcarbonat/Schwefel (1:1) vermischt und in einem Porzellantiegel geschmolzen und ca. 20 min erhitzt. Der erkaltete Schmelzkuchen wird mit verd. Natronlauge ausgelaugt und analysiert.

Beispielhafte Reaktionsgleichung

$$2\,SnO_2 + 2\,Na_2CO_3 + \frac{9}{8}\,S_8 \longrightarrow 2\,Na_2SnS_3 + 3\,SO_2\uparrow + 2\,CO_2\uparrow \qquad \{4\}$$

Bemerkungen Es können alle Stoffe, die lösliche Sulfidokomplexe bilden (Arsengruppe) aufgeschlossen werden.

Unter keinen Umständen darf ein Nickeltiegel verwendet werden; er würde mit dem geschmolzenen Schwefel rasant abreagieren!

Oxidationsschmelze

Aufschluss für Chrom- und Manganoxide

Durchführung Etwa 10 mg des unlöslichen Rückstands werden mit der 5-fachen Menge Natriumcarbonat/Kaliumnitrat (1:1) geschmolzen. Die erkaltete Schmelze wird mit warmem Wasser gelöst.

Beispielhafte Reaktionsgleichung

$$Cr_2O_3 + 3\,NO_3^- + 2\,CO_3^{2-} \longrightarrow 2\,CrO_4^{2-} + 3\,NO_2^- + 2\,CO_2\uparrow \qquad \{5\}$$

Bemerkungen Dieser Aufschluss kann auch mit kleineren Mengen auf der Magnesiarinne als Vorprobe durchgeführt werden (siehe dazu 5.1.3).

Aufschluss für Silberhalogenide

Durchführung 10–20 mg des unlöslichen Silberhalogenids werden mit Zinkpulver und verd. Schwefelsäure erwärmt. Das ausfallende Silber wird abzentrifugiert und die überstehende Lösung auf Halogenide geprüft.

Beispielhafte Reaktionsgleichung

$$2\,AgCl + Zn \longrightarrow 2\,Ag\downarrow + Zn^{2+} + 2\,Cl^- \qquad \{6\}$$

Tipp!

Alternativ kann auch Ammoniumpolysulfid (gelb) genutzt werden. Dabei entsteht schwarzes Ag_2S und die Halogenide werden freigesetzt. Überschüssiges Polysulfid wird anschließend mit verd. H_2SO_4 zu Schwefel umgesetzt. In der verbleibenden Lösung können die Halogenide nachgewiesen werden.

4.7 Arbeiten mit Gasen

Im Schwefelwasserstoff-Trennungsgang wird zur Sulfidfällung bevorzugt gasförmiger Schwefelwasserstoff eingeleitet, um eine Volumenerhöhung und damit einhergehende Verdünnung der Analysenlösung zu vermeiden. Außerdem werden einige Ionen durch freisetzen entsprechender Gase nachgewiesen (z. B. Carbonat-Ionen).

4.7.1 Gaserzeugung

Heute wird Schwefelwasserstoff bevorzugt aus Druckgasflaschen entnommen. Dazu ist nur ein geeigneter Druckminderer und ein Feinventil nötig. Allerdings muss damit das giftige Gas in größeren Mengen gelagert werden. Um dieses Problem zu umgehen, kann auch der Kipp'sche Gasentwickler mit Eisen(II)-sulfid und halbkonz. Salzsäure (ca. 10 %ig) genutzt werden:

$$FeS + 2\,HCl \longrightarrow Fe^{2+} + 2\,Cl^{-} + H_2S\uparrow \qquad \{7\}$$

Zwar wird ein feuchtes Gas erhalten, die Feuchtigkeit stört beim Arbeiten in wässrigen Medien jedoch nicht. Der Vorteil ist das deutlich geringere Volumen giftigen gasförmigen Schwefelwasserstoffs, welches bei einem defekten Gasentwickler, begrenzt durch die zur Verfügung stehende Salzsäure, gebildet werden würde. Es sind jedoch einige praktische Hinweise zu beachten: So darf der Hahn zur Gasentnahme niemals zu schnell oder zu lange geöffnet werden. Die heftige Gasentwicklung würde die Salzsäure auch durch die obere Öffnung des Gasentwicklers herausdrücken. Außerdem muss die Salzsäure in regelmäßigen Abständen ausgetauscht werden.

Das Gas wird mittels Gaseinleitungsröhrchen in die Analysenlösung eingeleitet. Dabei darf die rasche Blasenfolge nicht die Lösung aus dem Reagenzglas treiben. Daher bietet sich für die Gaseinleitung die Nutzung eines breiteren Reagenzglases an.

Um die Lagerung des giftigen Schwefelwasserstoffs zu vermeiden, kann zur Sulfidfällung auch Thioacetamid-Lösung genutzt werden. Diese hydrolysiert langsam zu Acetat- und Ammonium-Ionen sowie Schwefelwassersoff:

$$H_3C{-}C(=S){-}NH_2 + 2\,H_2O \longrightarrow H_2S + NH_4^+ + CH_3COO^- \qquad \{8\}$$

In der Wärme kann dieser Vorgang beschleunigt werden. Die langsame Schwefelwasserstoffentwicklung führt zu einem Ausfallen der Niederschläge in einer gut zentrifugierbaren Form. Die gebildeten Acetat- und Ammonium-Ionen bilden jedoch ein schwach saures Puffersystem, was bei Fällungen im bevorzugt stark sauren Milieu von Nachteil sein kann. Daher ist bei dieser Fällung die Kontrolle des pH-Werts und ggf. erneutes Ansäuern mit etwas verd. HCl empfehlenswert.

4.7.2 Nachweis von Gasen

Einige Gase, wie Arsenwasserstoff, Antimonwasserstoff oder auch der leicht flüchtige Borsäuretrimethylester, können in einem Reagenzglas mit durchbohrtem Stopfen, in dessen Loch eine Pasteur-Pipette steckt, entwickelt und das ausströmende Gas entzündet werden (Abb. 4.2). Vor allem durch das Anzünden darf die Öffnung der Pasteur-Pipette nicht zugeschmolzen werden. Ist das entstehende Gas an Luft brennbar (z. B. Wasserstoff), dann sollte ausreichend lange gewartet werden, bis aus dem gesamten Volumen des Reagenzglases der Sauerstoff verdrängt wurde, sodass die Verbrennung nicht explosionsartig in das Glas zurückschlagen kann.

Weitere Gase, genauer Ammoniak, CO_2 und Schwefelwasserstoff, werden im Halbmikromaßstab am Besten mittels Mikrogaskammer (Abb. 4.3) nachgewiesen. Dazu wird auf einen Objektträger oder in eine Vertiefung der Tüpfelplatte etwas Analysensubstanz und ggf. Zusätze gegeben, die Mikrogaskammer darauf gelegt, die gasfreisetzende Lösung dazugetropft und die Kammer schnell mit einem weiteren Objektträger, an dem ein Tropfen Nachweisreagenz hängt, verschlossen. Es ist sinnvoll, auf der Außenseite des Objektträgers ebenfalls etwas Nachweisreagenz aufzutragen, um den direkten Vergleich zwischen Negativprobe und Analyse zu haben.

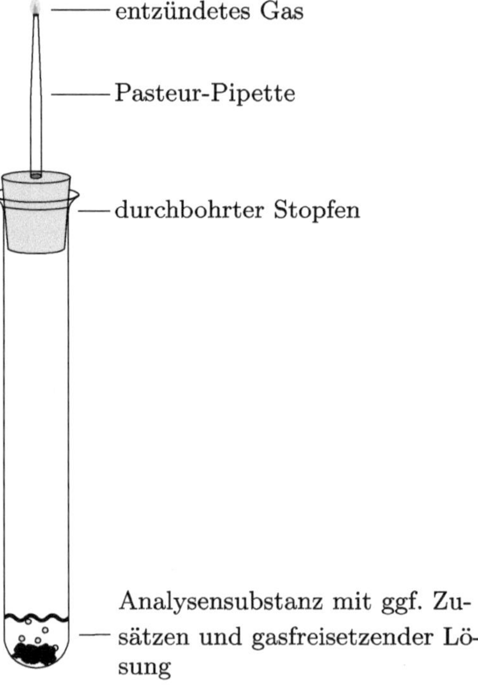

Abb. 4.2 Allgemeiner Aufbau eines Experiments mit In-situ-Entzündung des Reaktionsgases

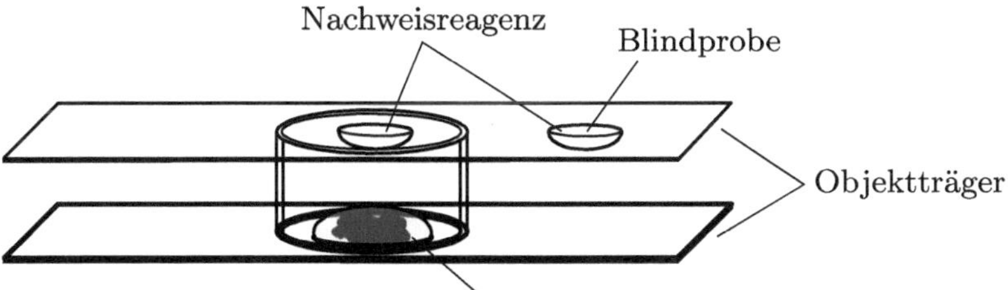

Abb. 4.3 Aufbau eines Versuchs in der Mikrogaskammer. Die Unterseite kann statt eines Objektträgers auch eine Tüpfelplatte sein, damit keine Lösung am Rand herauslaufen kann

Es ist ebenfalls möglich, dass etwas Analysensubstanz durch die Gasentwicklung nach oben spritzt und somit ggf. das Ergebnis verfälscht. Um das Aufspritzen der sauren Lösung bzw. das Aufsteigen saurer Dämpfe zu vermeiden, sollte zum Carbonatnachweis ausschließlich **verd.** Salzsäure verwendet werden.

4.8 Reinigung der Geräte

Beim analytischen Arbeiten im Halbmikromaßstab ist sehr stark auf die Sauberkeit zu achten, denn kleine Verunreinigungen können bei den verwendeten geringen Substanzmengen großen Einfluss haben.

Die verwendeten Glasgeräte werden zunächst mit Leitungswasser (ggf. warm) gereinigt. Ein Zusatz von Tensiden (Spülmittel) kann dabei nützlich sein. Die meisten unlöslichen Rückstände können mit Scheuermilch und einer Reagenzglasbürste bzw. einem Pfeifenreiniger mechanisch entfernt werden. Sollte das auch nicht helfen, so ist je nach Art der Verunreinigung ein anderes Reinigungsmittel zu wählen, z. B. Säuren (HCl, Oxalsäure) für Oxide. Dabei ist ein Bereithalten von „alter Salzsäure“ zu Reinigungszwecken sinnvoll. Rückstände von Schwefel können auch vorsichtig aus den Glasgeräten ausgebrannt werden. In jedem Fall ist darauf zu achten, dass nicht nur die Verunreinigung, sondern auch das Reinigungsmittel vollständig entfernt wird. Der letzte Reinigungsschritt ist das Ausspülen mit entmineralisiertem (destilliertem) Wasser.

Des Weiteren ist es sinnvoll, Zellstoffstücke bereitzuhalten, mit denen beispielsweise die Spatel nach Benutzung direkt gereinigt und nach dem Abwaschen auch getrocknet werden können. Die Trocknung der Geräte im Trockenschrank ist oft nicht notwendig, weil in wässrigen Lösungen gearbeitet wird.

4.8.1 Allgemeines Vorgehen beim Reinigen

Es ist immer das schonendste Reinigungsmittel zu wählen und daher nur bei unzureichender Reinigungswirkung zum jeweils nächsten Punkt zu springen.

Feste Rückstände in Reagenzgläsern oder Zentrifugengläschen

1. mit wenig Wasser oder „Abfall-Lösung" suspendieren und den Rückständen zuführen. Vorgang mit *wenig* Wasser wiederholen, ausspülen
2. mit Wasser (ggf. mit Spülmittel) suspendieren, ausspülen
3. Reagenzglasbürste/Pfeifenreiniger nutzen
4. Scheuermilch (Achtung: Scheuerpulver enthält oft $MgCO_3$, $CaCO_3$) nutzen
5. mit Essigsäure versuchen zu lösen
6. mit HCl versuchen zu lösen

Feste Rückstände im Mörser und in Porzellantiegeln

1. analog zu Reagenzglasreinigung beginnen
2. mit Sand ausscheuern

Spezielle Reinigungsmethoden

Schwefel in Kunststoffgefäßen	mit Ethanol ausspülen oder entsorgen
Schwefel in Glasgeräten	mit Feuerzeug oder Brenner vorsichtig ausbrennen
Eisen(III)-oxid im Mörser	mit fester Oxalsäure und Natrium- oder Kaliumoxalat (feucht) ausscheuern
Silber(I)-chlorid-Schleier	verd. NH_3-Lösung
Silber-Flecken	$Na_2S_2O_3$-Lösung und Luft
Porzellantiegel	wie Mörser
Nickeltiegel	mit Sandpapier oder verd. Essigsäure (schnell arbeiten), keinesfalls starke Säuren!
Bleitiegel	mit konz. Schwefelsäure auskochen
fest anhaftende Sulfidniederschläge (z. B. PbS oder CdS im Inneren des Gaseinleitungsröhrchens)	mit einem Tropfen konz. HNO_3 benetzen, kurz einwirken lassen, mit Wasser ausspülen

Qualitative Analysen 5

Inhaltsverzeichnis

Im Folgenden sind die Trennung und die Nachweise der Anionen und Kationen aufgeführt. Dabei werden heute oft weniger Anionen in den Einführungspraktika gelehrt, als es zur ersten Auflage des Buches von Professor Ackermann [1] waren. Der Vollständigkeit halber sollen aber dennoch alle Anionen mit aufgeführt werden. Bei den Kationen wird weiterhin auf die „selteneren Elemente" verzichtet.

Die Trennung der Gruppen erfolgt ausschließlich mit leicht zu entfernenden Substanzen, wie Salzsäure, Schwefelwasserstoff oder Ammoniumverbindungen. Der Einsatz von schwerflüchtigen Stoffen, wie Salze oder Schwefelsäure, erfolgt erst, wenn die Gruppe vollständig abgetrennt wurde. Bei der Verwendung oxidierender Stoffe, wie konz. Salpetersäure, sollte stets an mögliche Redoxreaktionen gedacht werden.

Für die Analysen sollten folgende Hinweise unbedingt beachtet werden:

1. **Vorproben** geben Hinweise auf die Zusammensetzung der Analyse, allerdings sind es oft keine sicheren Nachweise.
2. Die **Lösungsversuche** geben deutliche Hinweise auf Bestandteile und können ebenso zur Trennung einiger Bestandteile genutzt werden.
3. Alle aufgeführten Trennungsgänge und Nachweise können, sofern nicht anders beschrieben, ausschließlich mit einer **Lösung** der Ionen im **richtigen pH-Bereich** durchgeführt werden. Niederschläge sind immer gesondert zu behandeln.

M. Herbig und J. Wagler, *Qualitative Anorganische Analyse*,
https://doi.org/10.1007/978-3-662-57850-6_5

4. Die **Trennung** erfolgt durch das **quantitative Ausfällen** von Substanzen. Die **Vollständigkeit** der Fällung muss geprüft werden! Diese Niederschläge müssen durch **Waschen** mit einer geeigneten Reagenzlösung, möglichst des Fällungsmittels und anschließend mit z. B. dest. Wasser, von anhaftender Analysenlösung befreit werden.
5. Die Trennung der Stoffe erfolgt, um die Störungen der Nachweise zu minimieren. Lösungen, in denen die Ionen mehrerer Gruppen vorhanden sind, zeigen zum Teil deutlich veränderte Reaktivitäten.
6. Die Fällungen erfolgen aus möglichst **konzentrierten Lösungen**. Daher ist der Einsatz von **ausreichend Substanz** zu Beginn und das zwischenzeitliche **Einengen der Analysenlösung** von großer Bedeutung.
7. **Extreme pH-Werte**, wie sie bei manchen Nachweisen oder zum Lösen benötigt werden, sind für die Trennung sowie für die meisten Nachweise **störend**. Daher muss **überschüssige, flüchtige Säure bzw. Base abgeraucht** bzw., sofern unter geringer Volumenzunahme möglich, neutralisiert werden. Der **pH-Wert** ist immer zu **testen!**
8. **Erwärmen im Wasserbad** erhöht die Reaktionsgeschwindigkeit. Zum Abzentrifugieren von Niederschlägen sind jedoch kalte Lösungen zu nutzen, weil sich viele Substanzen in der Wärme besser lösen.
9. Auch wenn es trivial scheint, Schwenken des Reagenzglases ist keine effiziente Durchmischungsmethode. Es muss mit einem **Halbmikrorührstab** umgerührt werden.
10. **Blindproben** helfen einzuschätzen, ob der Nachweis positiv oder negativ ist. Dabei sollte etwa mit den **gleichen Volumina und Konzentrationen** wie bei der Analyse gearbeitet werden.

5.1 Vorproben

Einfache Vorproben liefern bereits einige Hinweise auf die in der Analyse enthaltenen Ionen. Sie sollten zwingend vor dem eigentlichen Einstieg in den Trennungsgang erfolgen. Stimmen Nachweis und Vorprobe nicht überein, sollte das Verhalten erklärbar sein, bevor auf eine falsche Zusammensetzung geschlossen wird. Das gilt auch für die Plausibilität des erhaltenen Analysenergebnisses: Eine Analyse, die sich komplett in verd. Salpetersäure löst, kann z. B. nicht gleichzeitig Pb^{2+} und SO_4^{2-} oder gleichzeitig Ag^+ und Cl^- enthalten haben.

5.1.1 Allgemeine Betrachtung der Analyse

Allein die allgemeine Betrachtung eines Gemischs kann auf verschiedene Bestandteile schließen lassen. So ist die Farbe für viele Substanzen zwar charakteristisch, jedoch überdecken kräftigere Farben schwache oder helle. Außerdem kann die Farbe der Mischung von der Farbe des reinen Stoffs abweichen. Das gleiche gilt für

Lösungen, die infolge des Trennungsgangs angefertigt werden. Des Weiteren ist es hilfreich, zu prüfen, ob eine Analysenmischung hygroskopisch ist, was ein Hinweis auf u. a. Magnesium- oder Ammoniumsalze sein kann. In einigen Mischungen reagieren auch die Stoffe miteinander, z. B. Reduktionsmittel mit Nitraten oder Carbonate mit sauren Salzen. Auch der Geruch kann Hinweise auf Bestandteile geben (z. B. Sulfid).

5.1.2 Lösungsversuche

Aufgrund der unterschiedlichen Löslichkeiten kann bereits eine Trennung durch die Wahl eines geeigneten Lösungsmittels erfolgen. Das genaue Vorgehen ist in Abschn. 4.6 zu finden.

5.1.3 Vorproben auf An- und Kationen

Flammenfärbung

Vorprobe auf: Na, K, Ca, Sr, Ba, Cu

Durchführung Es gibt prinzipiell zwei Möglichkeiten, die je nach Element besser oder schlechter funktionieren:

1. Etwas Analysensubstanz wird mit konz. Salzsäure angefeuchtet und mit einem ausgeglühten Magnesiastäbchen aufgenommen und in die rauschende Flamme eines Brenners gehalten.
2. Etwas Analysensubstanz wird auf einem Uhrglas mit einigen Tropfen verd. Salzsäure versetzt und an den Lufteinzug eines Brenners gehalten. Nun wird ein in der rauschenden Flamme des Brenners zum Glühen erhitztes Magnesiastäbchen in die Lösung getaucht.

Bei vorhandenen Natriumsalzen sollte die Flamme zusätzlich durch ein Cobaltglas beobachtet werden.

Beobachtung Bei einigen Elementen kommt es zu einer charakteristischen Flammenfärbung. Die Wellenlängen des emittierten Lichts können durch ein Handspektroskop analysiert werden. Manche Elemente zeigen eine so starke Färbung, dass andere überdeckt werden. Eine Liste von Flammenfärbungen und emittierten Wellenlängen ist in Tab. 5.1 zu finden. Weiterhin ist der Komplementärfarbeneffekt zu beachten: Beispielsweise können sich rote und grüne Flammenfärbungen zum Teil aufheben, im Spektroskop sind dennoch die einzelnen Emissionslinien zu sehen.
Auswertung Durch das glühende Magnesiastäbchen verdampfen die Salze teilweise. Daher besteht die Notwendigkeit der Anwesenheit von Halogeniden (z. B. durch

Tab. 5.1 Flammenfarbe des emittierten Lichts einiger Elemente

Element	Sichtbare Flammenfarbe	Bemerkungen
Na	Gelb	Sehr intensiv, überdeckt andere Flammenfärbungen
K	Violett	Besser mit Variante 2 zu erkennen
Ca	Warmes Rot	Besser mit Variante 2 zu erkennen
Sr	Rotviolett	Besser mit Variante 2 zu erkennen
Ba	Grün	Schwach, besser mit Variante 1 zu erkennen
Cu	Blaue Flamme, grüner Saum	Deutlich intensiver als Ba

HCl-Zusatz), um leicht flüchtige Metallhalogenide verfügbar zu haben. Innerhalb der Brennerflamme sind durch die ablaufenden Redoxreaktionen und durch das Halogenid Elektronen verfügbar, wodurch die Metall-Ionen reduziert werden. Im einfachsten Fall kommt es zur homolytischen Spaltung der Metall-Halogen-Bindung. Die Außenelektronen der Atome werden durch die Hitze in der Brennerflamme angeregt und geben beim Zurückfallen in den Grundzustand Licht von bestimmten Wellenlängen ab, welches als Färbung der Flamme wahrgenommen wird.

$$Na^+ + e^- \longrightarrow Na \qquad \{1\}$$

$$Na \xrightarrow{\Delta} Na^* \qquad \{2\}$$

$$Na^* \longrightarrow Na + h\nu \qquad \{3\}$$

Bemerkungen Diese Vorprobe kann auch mit im Trennungsgang ausgefällten, *gewaschenen* Niederschlägen wiederholt werden.

> ! Sind mehrere Elemente mit einer sichtbaren Flammenfärbung in der Analyse, so können Komplementärfarben (liegen sich im physikalischen Farbkreis gegenüber, siehe Anhang C.1) sich zu weißem Licht addieren und somit die Farbe verfälschen. In diesem Fall ist eine sichere Analyse nur mit einem Handspektroskop möglich. Ebenso können Mischfarben das mit bloßem Auge sichtbare Ergebnis verfälschen. Zum Beispiel erscheint die Flammenfärbung von Calcium zusammen mit der von Kalium etwa so wie die von Strontium.

Boraxperle

Vorprobe auf: Cu (mit Sn- oder Sb-Zusatz), Cr, Fe, Ni, Co, Mn

Tab. 5.2 Charakteristische Farben der in den unterschiedlichen Zonen der Brennerflamme geglühten Boraxperlen

Element	Oxidationszone	Reduktionszone	Bemerkungen
Cu	Blaugrün bis Hellblau	Rot	Intensiver in Reduktionsflamme mit Sn oder Sb
Cr	Grün	Grün	
Fe	Gelb bis Rot	Grün bis Gelb	
Ni	Grün	Grau	
Co	Dunkelblau	Dunkelblau	Sehr intensiv
Mn	Rotviolett	farblos	In Oxidationsflamme sehr intensiv

Durchführung An einem ausgeglühten Magnesiastäbchen wird etwas Natriumtetraborat (Borax) geschmolzen. Die noch heiße Perle wird dann mit sehr wenig Analysensubstanz versetzt und erneut in die Oxidationsflamme oder die Reduktionsflamme des Brenners gehalten und erneut aufgeschmolzen. Nach dem Entfernen aus der Flamme wird die erstarrte Perle in der Wärme und in der Kälte betrachtet.

Beobachtung Es bildet sich je nach Element und Flammenzone eine gefärbte Perle. Die typischen Farben sind in Tab. 5.2 zu finden.

Auswertung Viele Schwermetalle bilden charakteristisch gefärbte Borate. Dabei kann durch das Schmelzen der Boraxperle in der Oxidations- bzw. Reduktionszone der Brennerflamme die Oxidationszahl des Schwermetall-Ions geändert werden, weshalb bei dem gleichen Element unterschiedliche Farben auftreten können. Ebenso wie bei der Flammenfärbung (auf Seite 43) können Mischfarben entstehen oder farbschwache Borate von farbstarken überdeckt werden.

Erhitzen mit konz. Schwefelsäure

Vorprobe auf: I^-, Br^-, NO_3^-

Durchführung Etwas feste Analysensubstanz wird in einem Reagenzglas mit ca. 0,5 ml konz. Schwefelsäure versetzt und umgehend in der Brennerflamme erhitzt.

Beobachtung Es kommt zu einer in der Kälte zunächst farblosen Gasentwicklung. Beim Erhitzen steigen bei bromid- und nitrathaltigen Salzen braune Dämpfe auf. Bei iodidhaltigen Salzen entsteht ein violetter Dampf und es kann sich ein metallisch-grauer Feststoff in kälteren Regionen des Reagenzglases abscheiden.

Auswertung Die starke Säure Schwefelsäure verdrängt zunächst die flüchtigeren Säuren Bromwasserstoff, Iodwasserstoff und Salpetersäure aus ihren Salzen. Die Salpetersäure zersetzt sich thermisch, wodurch braune Stickoxide gebildet werden. Die Halogenwasserstoffsäuren werden von der Schwefelsäure zu Brom bzw. Iod oxidiert, wobei sich das Iod an kalten Stellen im Reagenzglas abscheiden kann.

$$2\,Br^- + H_2SO_4 \longrightarrow 2\,HBr\uparrow + SO_4^{2-} \qquad \{4\}$$

$$2\,HBr + H_2SO_4 \longrightarrow \underset{\text{braun}}{Br_2\uparrow} + SO_2 + 2\,H_2O \qquad \{5\}$$

$$2\,I^- + H_2SO_4 \longrightarrow 2\,HI\uparrow + SO_4^{2-} \qquad \{6\}$$

$$8\,HI + H_2SO_4 \longrightarrow \underset{\text{violett}}{4\,I_2\uparrow} + H_2S\uparrow + 4\,H_2O \qquad \{7\}$$

Tipp!

Bei Tetraiodidomercuraten wird das Iodid nicht freigesetzt. Dann ist es sinnvoll, etwas Kaliumdichromat als Oxidationsmittel zuzugeben. Alle säureverbrauchenden Reaktionen (z. B. Zersetzung von Carbonaten) führen zu einem höheren Verbrauch an Schwefelsäure.

!

Bei Zugabe von Chromaten entsteht auch bei Anwesenheit von Chlorid-Ionen ein roter Dampf, der auf die Bildung von Chromylchlorid zurückzuführen ist.

$$CrO_4^{2-} + 2\,Cl^- + 4\,H^+ \longrightarrow 2\,H_2O + \underset{\text{rot}}{CrO_2Cl_2\uparrow} \qquad \{8\}$$

$$Cr_2O_7^{2-} + 4\,Cl^- + 6\,H^+ \longrightarrow 3\,H_2O + 2\,CrO_2Cl_2\uparrow \qquad \{9\}$$

Marshsche Probe

Vorprobe auf: As, Sb

Durchführung In ein Reagenzglas werden vier Zink-Granalien, ein Halbmikrospatel Kupfer(II)-sulfat und Analysensubstanz gegeben. Danach werden 1–2 ml konz. Salzsäure schnell zugegeben. Nach zwei bis drei Sekunden wird das Reagenzglas mit einem durchbohrten Stopfen, in dem sich ein zur Spitze verengtes Glasrohr befindet, verschlossen. Das dort ausströmende Gas wird entzündet und mit der Flamme eine kalte Porzellanschale berührt. Falls sich an dieser etwas abscheidet (dunkler bzw. metallisch glänzender Belag), wird ammoniakalische Wasserstoffperoxid-Lösung auf die Abscheidung gegeben.

Beobachtung Nach Zugabe von Salzsäure kommt es zur heftigen Reaktion mit Gasentwicklung. Dieser leicht weißliche Dampf steigt auf und verbrennt nach Entzündung an der Spitze des Glasrohrs mit fahlblauer Flamme. Wird die Flamme mit einer Porzellanschale berührt, so scheidet sich eine schwarze Ablagerung ab. Die schwarze Ablagerung kann sich bei Zugabe von ammoniakalischer Wasserstoffperoxid-Lösung auflösen.

Auswertung Es bilden sich Arsen- bzw. Antimonhydride, die bei der Verbrennung an Luft elementares Arsen bzw. Antimon abscheiden. Arsen löst sich sehr schnell in ammoniakalischer Wasserstoffperoxid-Lösung, wohingegen sich Antimon nur sehr langsam auflöst.

$$As_2O_3 + 6\,Zn + 12\,H^+ \xrightarrow{Cu} 2\,AsH_3\uparrow + 6\,Zn^{2+} + 3\,H_2O \qquad \{10\}$$

$$4\,AsH_3 + 3\,O_2 \longrightarrow 4\,As\downarrow + 6\,H_2O \qquad \{11\}$$

$$2\,As + 6\,OH^- + 5\,H_2O_2 \longrightarrow 2\,AsO_4^{3-} + 8\,H_2O \qquad \{12\}$$

$$Sb_2O_3 + 6\,Zn + 12\,H^+ \xrightarrow{Cu} 2\,SbH_3\uparrow + 6\,Zn^{2+} + 3\,H_2O \qquad \{13\}$$

$$4\,SbH_3 + 3\,O_2 \longrightarrow 4\,Sb\downarrow + 6\,H_2O \qquad \{14\}$$

Bemerkungen Das Kupfer(II)-sulfat überzieht die Zink-Granalien mit einer porösen Kupferschicht. Arsen und Antimon sind edler als Zink und würden sich elementar auf der Zinkgranalie abscheiden. Durch die poröse Kupferschicht (Kupfer ist edler als die beiden Pentele) wird die Reaktion zu den Hydriden katalysiert und die Abscheidung der elementaren Halbmetalle verhindert. Das Zink/Kupfer-Lokalelement katalysiert darüber hinaus die Wasserstoffentwicklung, welche sonst (an einer reinen Zink-Oberfläche) nur sehr langsam erfolgt.

Bei vorhandenem Quecksilber passivieren sich die Zink-Granalien mit Zinkamalgam. In diesem Fall muss zusätzlich Zinkpulver zugegeben werden.

Erhitzen auf der Magnesiarinne

Vorprobe auf: Zn, Al, Co

Durchführung Die Analysensubstanz wird auf der Magnesiarinne geglüht. Bei Vermutung auf Al^{3+} bzw. Zn^{2+} wird noch etwas verd. $Co(NO_3)_2$-Lösung zugegeben. Ebenso kann bei Vermutung auf Co^{2+} Aluminium(III)- bzw. Zink(II)-Salzlösung zugegeben werden.

Beobachtung Der Feststoff auf der Magnesiarinne verfärbt sich blau bzw. grün. Teilweise ist die Färbung auch erst auf der Unterseite zu erkennen. Diese Färbung muss in der Kälte in Gegenwart von Wasser und verd. Essigsäure erhalten bleiben.

Auswertung Es bilden sich hochgeglühte Mischoxide Thénards Blau bzw. Rinmanns Grün.

$$Al_2O_3 + Co(NO_3)_2 \longrightarrow 2\,NO_2\uparrow + \frac{1}{2}\,O_2\uparrow + \underset{\text{blau}}{CoAl_2O_4} \quad \{15\}$$

$$2\,Zn^{2+} + 4\,Cl^- + O_2 \longrightarrow 2\,ZnO + 2\,Cl_2\uparrow \quad \{16\}$$

$$ZnO + 2\,Co(NO_3)_2 \longrightarrow \underset{\text{grün}}{ZnCo_2O_4} + 4\,NO_2\uparrow + \frac{1}{2}\,O_2 \quad \{17\}$$

Bemerkungen Bei einem Cobalt-Überschuss wird der Feststoff schwarz. Die Vorprobe auf Al und Zn bietet sich nur für farblose Analysen an, denn viele Metall-Ionen, welche für eine farbige Analyse sorgen (z. B. Fe, Ni, Cr), liefern auch nach dem Glühen farbige oder schwarze Feststoffe und lassen damit die Bildung von $CoAl_2O_4$ bzw. $ZnCo_2O_4$ nicht erkennen. Flüchtige Substanzen sollten davor entfernt werden.

Oxidationsschmelze

Vorprobe auf: Mn, Cr

Durchführung Die Analysensubstanz wird mit viel Natriumcarbonat/Kaliumnitrat vermischt und auf der Magnesiarinne geschmolzen. Die noch heiße, erstarrte Schmelze wird mit Wasser abgespült und die Lösung mit Essigsäure angesäuert. Bei einer gelben Lösung wird etwas Bariumchlorid-Lösung zugegeben.

Beobachtung Ist Mangan vorhanden, so ist der Schmelzkuchen grün oder blau, die Lösung wird beim Ansäuern violett, wobei gleichzeitig ein schwarzer bis dunkelbrauner Niederschlag ausfällt. Bei vorhandenem Chrom wird die Schmelze gelb und auch die Lösung ist gelb. Aus der gelben, essigsauren Lösung fällt mit Bariumchlorid-Lösung ein gelber Niederschlag aus.

Auswertung Es bilden sich Manganat- und Chromat-Ionen. Das Manganat disproportioniert beim Ansäuern in Permanganat (violett) und Braunstein (brauner/schwarzer Niederschlag). Das Chromat ist löslich, fällt jedoch mit Barium-Ionen als gelbes Bariumchromat aus.

$$Cr_2O_3 + 3\,NO_3^- + 2\,CO_3^{2-} \longrightarrow 2\,CrO_4^{2-} + 3\,NO_2^- + 2\,CO_2\uparrow \quad \{18\}$$

$$MnO_2 + NO_3^- + CO_3^{2-} \longrightarrow MnO_4^{2-} + NO_2^- + CO_2\uparrow \quad \{19\}$$

$$MnO_2 + 2\,NO_2^- \longrightarrow MnO_4^{2-} + 2\,NO\uparrow \quad \{20\}$$

$$3\,MnO_4^{2-} + 4\,H^+ \longrightarrow \underset{\text{violett}}{2\,MnO_4^-} + \underset{\text{braun}}{MnO_2\downarrow} + 2\,H_2O \quad \{21\}$$

Die Oxidationsschmelze selbst verfärbt sich oftmals, allerdings aufgrund anderer Bestandteile. Nur die Farbe der abgespülten Lösung bzw. die Reaktion dieser Lösung mit Essigsäure und Barium-Ionen ist eindeutig.

Leuchtprobe

Vorprobe auf: Sn

Durchführung In einem kleinen Becherglas werden etwas Analysensubstanz und zwei Zink-Granalien mit halbkonz. Salzsäure versetzt. Die Mischung wird mit einem mit kaltem Wasser gefüllten Reagenzglas gerührt und das benetzte Reagenzglas in die Brennerflamme gehalten.

Beobachtung Es kommt zu einer blauen Leuchterscheinung.

Auswertung Ähnlich wie bei der Flammenfärbung werden hier Sn^{2+}-Ionen thermisch angeregt. Beim Zurückfallen in den Grundzustand wird Licht blauer Farbe abgegeben. Die genauen Umstände sind bis heute nicht vollständig erforscht.

Bemerkungen Alle Elemente, die mit naszierendem Wasserstoff reagieren, erhöhen den Verbrauch an Zink und Salzsäure. Zinn(II)-chlorid beispielsweise benötigt keinen naszierenden Wasserstoff für die Fluoreszenz.

Glühröhrchenprobe

Vorprobe auf: Cd

Durchführung In einem Glühröhrchen wird etwas Analysensubstanz zunächst bis zur Rotglut erhitzt. In das abgekühlte Röhrchen wird anschließend etwa die doppelte Menge Natriumoxalat gegeben und wieder erhitzt. Sollte sich ein Metallspiegel an den kälteren Bereichen des Glühröhrchens bilden, so werden auf diesen einige Krümel Schwefel gegeben und vorsichtig erhitzt.

Beobachtung Beim ersten Erhitzen zur Rotglut könnte ein weißer Rauch auftreten. Beim Erhitzen mit Oxalat-Ionen kommt es zur Bildung eines Metallspiegels an kälteren Bereichen des Glühröhrchens. Mit dem Schwefel wird der Metallspiegel zu einem Belag, der in der Hitze rot und in der Kälte gelb ist.

Auswertung Das erste Erhitzen dient dem Austreiben von leicht flüchtigen Stoffen, wie Arsen und Quecksilber. Mit Oxalat gehen Cadmium(II)-Ionen eine Redoxreaktion ein und es bildet sich Cadmium, das aufgrund des relativ niedrigen Siedepunkts (765 °C) verdampft und an den kälteren Stellen des Glühröhrchens wieder kondensiert und erstarrt. Mit dem Schwefel wird Cadmium(II)-sulfid gebildet, welches thermochrom ist: In der Hitze ist es rot und in der Kälte gelb.

$$Cd^{2+} + C_2O_4^{2-} \longrightarrow Cd\uparrow + 2\,CO_2\uparrow \qquad \{22\}$$

$$Cd + \frac{1}{8}\,S_8 \longrightarrow CdS \qquad \{23\}$$

Bemerkungen Flüchtige Verbindungen müssen zuvor ausreichend durch Glühen vertrieben werden. Dabei ist zu beachten, dass die Analysensubstanz im Glühröhrchen nicht zu hoch aufschäumen darf, weil im oberen Teil des Glühröhrchens saubere Glasoberfläche zur Abscheidung des Metallspiegels benötigt wird.

Tipp! Eine hygroskopische Analysensubstanz kann mit grobkristallinem Natriumoxalat vermengt werden, sodass sie als rieselfähiger Feststoff ins Glühröhrchen gefüllt werden kann. Diese Mischung ist im Glühröhrchen zunächst vorsichtig zu trocknen und anschließend zur Freisetzung des Cadmium-Dampfs kräftig zu erhitzen.

Abscheidung auf dem Kupferblech

Vorprobe auf: Hg, Ag

Durchführung Ein Tropfen der leicht sauren Analysenlösung wird auf ein blankes Kupferblech gegeben. Das Kupferblech kann zuvor mit halbverdünnter Salpetersäure beträufelt werden, und wenn es schließlich blank ist, kann die überschüssige Säure mit dest. Wasser abgespült werden.

Beobachtung Bei vorhandenem Silber bildet sich ein grauer, abwischbarer Belag. Bei Quecksilber färbt sich das Kupferblech metallisch-grau. Diese Verfärbung lässt sich nicht abwischen, sondern silberglänzend polieren und durch Erhitzen auf einer Heizplatte (unter dem Abzug!) entfernen.

Auswertung Silber und Quecksilber sind edler als Kupfer und scheiden sich daher elementar ab. Dabei bleibt das Silber auf dem Kupferblech zurück. Das Quecksilber löst sich im Kupferblech als Kupferamalgam. Durch Erhitzen über dem Brenner kann das Quecksilber wieder vom Kupferblech entfernt werden.

$$Hg^{2+} + Cu \longrightarrow Hg + Cu^{2+} \qquad \{24\}$$

$$Hg_2^{2+} + Cu \longrightarrow 2\,Hg + Cu^{2+} \qquad \{25\}$$

$$2\,Ag^{+} + Cu \longrightarrow 2\,Ag + Cu^{2+} \qquad \{26\}$$

Bemerkungen Beide Elemente lassen sich mit dieser Probe parallel nachweisen. Erhitzen des Blechs in der Brennerflamme kann zur Bildung einer Kupferoxid-Schicht führen, während beim Verdampfen des Quecksilbers durch Auflegen des Bleches auf einer heißen Platte rotglänzendes, reines Kupfer zurückbleibt.

5.2 Anionenanalyse

Die Analyse der vorhandenen Anionen sollte vor der Analyse der Kationen erfolgen, weil die Anionen bereits einen guten Hinweis auf möglicherweise schwer lösliche Verbindungen geben oder auch die Reaktionen der Kationennachweise beeinflussen können.

Zur Anionenanalyse einer nicht vollständig löslichen Analysensubstanz ist ein Sodaauszug unerlässlich. Mit dem Sodaauszug sollten zunächst Gruppenreaktionen der Anionen durchgeführt werden, um einen Hinweis auf die An- bzw. Abwesenheit verschiedener Ionengruppen zu erhalten. Anschließend kann der eigentliche Nachweis erfolgen.

Für einige halogen- und schwefelhaltige Anionengruppen gibt es ebenfalls Trennungsgänge. Auch wenn heute in der Ausbildung die Trennung und der Nachweis vieler Ionen nicht mehr gelehrt werden, soll hier eine vollständige Aufstellung der von Prof. Ackermann [1] aufgeführten Ionen erfolgen.

5.2.1 Sodaauszug

Um möglicherweise schwer lösliche Metallsalze zu löslichen Natriumsalzen umzusetzen, kann der Sodaauszug genutzt werden. Bei sehr schwer löslichen Salzen (z. B. $BaSO_4$) ist das jedoch nicht möglich.

Durchführung Zu etwas Analysensubstanz (ca. 50 mg) wird ca. die 10-fache Menge Natriumcarbonat gegeben und mit nicht mehr als 5 ml Wasser versetzt. Diese Suspension wird anschließend fünf bis zehn Minuten unter gelegentlichem Umrühren im Wasserbad erwärmt. Die erkaltete Lösung wird zentrifugiert und die überstehende Lösung verwendet. Von einem Verwenden des Niederschlags zu weiteren Analysen wird abgeraten, weil der hohe Natrium-Überschuss einige Reaktionen negativ beeinflussen wird.

5.2.2 Gruppenreaktionen

Die folgenden Nachweise werden jeweils mit einem wie angegeben angesäuerten Sodaauszug, aus dem das Kohlenstoffdioxid durch Erhitzen zum Sieden vertrieben wurde, durchgeführt. Diese so präparierte Lösung sollte deutlich sauer reagieren. Dies ist vor der eigentlichen Analyse zu prüfen! Eine Übersicht der Nachweisreaktionen ist in Tab. 5.3 zu finden.

Tab. 5.3 Übersicht über die Gruppenreaktionen der in diesem Buch behandelten Anionen

Anion	Ag^{+}-Fällung	Ca^{2+}-Fällung	Ba^{2+}-Fällung	MnO_4^--Entfärbung	I^--Oxidation	I_2-Reduktion
F^-	✘	✔	1	✘	✘	✘
Cl^-	✔	✘	✘	2, 3	✘	✘
Br^-	✔	✘	✘	✔	✘	✘
I^-	✔	✘	✘	✔	✘	✘
SCN^-	✔	✘	✘	✔	✘	✔
ClO_3^-	✘	✘	✘	✘	✔	✘
BrO_3^-	2	✘	✘	✘	✔	✘
IO_3^-	✔	✘	✘	✘	✔	✘
ClO_4^-	✘	✘	✘	✘	4	✘
S^{2-}	1	✘	✘	✔	✘	✔
$S_2O_3^{2-}$	1	✘	✘	✔	✘	✔
SO_3^{2-}	1	✔	✘	✔	✘	✔
SO_4^{2-}	✘	2	✔	✘	✘	✘
NO_2^-	✘	✘	✘	✔	✔	✘
NO_3^-	✘	✘	✘	✘	3	✘
PO_4^{3-}	✘	✔	✘	✘	✘	✘
CO_3^{2-}	✘	✘	✘	✘	✘	✘
SiO_3^{2-}	✘	✘	✘	✘	✘	✘
$[SiF_6]^{2-}$	✘	✘	✔	✘	✘	✘
BO_2^-	✘	✔	✘	✘	✘	✘
$[Fe(CN)_6]^{4-}$	✔	✔	✘	✔	✘	✔
$[Fe(CN)_6]^{3-}$	✔	✘	✘	✔	✔	✘

1: nur bei unzureichendem Ansäuern, 2: nur in hohen Konzentrationen, 3: nur in sehr saurer Lösung, 4: Fällung des Kaliumperchlorats

Fällung mit Silbernitrat-Lösung

Durchführung 5 Tropfen des Sodaauszugs werden mit verd. Salpetersäure angesäuert und mit $AgNO_3$-Lösung versetzt.

Es fallen aus: Cl^-, Br^-, I^-, SCN^-, IO_3^-, $[Fe(CN)_6]^{3/4-}$

Bemerkungen Bei unzureichendem Ansäuern fällt noch Ag_2S (aus S^{2-} oder $S_2O_3^{2-}$) und Ag_2SO_3. $AgBrO_3$ fällt nur bei sehr hohen Bromat-Konzentrationen aus.

Weitere ausfallende Ionen: ClO^-, CN^-

Fällung mit Calciumchlorid-Lösung

Durchführung 5 Tropfen Sodaauszug werden mit verd. Essigsäure schwach (!) angesäuert und mit 2–3 Tropfen $CaCl_2$-Lösung versetzt.

Es fallen aus: F^-, SO_3^{2-}, PO_4^{3-}, BO_2^-, $[Fe(CN)_6]^{4-}$

Bemerkungen Bei hohen SO_4^{2-}-Konzentrationen kann Calciumsulfat ausfallen.

Weitere ausfallende Ionen: $P_2O_7^{4-}$, PO_3^-, CrO_4^{2-}, MoO_4^{2-}, WO_4^{2-}, VO_3^-

Fällung mit Bariumchlorid-Lösung

Durchführung 5 Tropfen Sodaauszug werden mit verd. Salzsäure angesäuert und mit 2 Tropfen $BaCl_2$-Lösung versetzt.

Es fallen aus: SO_4^{2-}, $[SiF_6]^{2-}$

Bemerkungen Bei zu geringem Ansäuern fällt auch Bariumfluorid aus.

Entfärbung von Kaliumpermanganat

Durchführung 5 Tropfen Sodaauszug werden mit verd. Schwefelsäure angesäuert und 1–3 Tropfen 0,02 N Kaliumpermanganat-Lösung zugegeben.

Entfärbend wirken: Br^-, I^-, SCN^-, S^{2-}, $S_2O_3^{2-}$, SO_3^{2-}, NO_2^-, $[Fe(CN)_6]^{4-}$

Bemerkungen In neutraler Lösung erfolgt auch das Entfärben durch CN^-.

Weitere entfärbende Ionen: AsO_3^{3-}, $C_2O_4^{2-}$

Oxidation von Iodid-Ionen

Durchführung 5 Tropfen Sodaauszug werden mit verd. Salzsäure angesäuert und mit einigen Tropfen KI-Lösung versetzt.

Färbung durch: ClO_3^-, BrO_3^-, IO_3^-, NO_2^-, $[Fe(CN)_6]^{3-}$,

Bemerkungen Bei einer stark sauren Lösung wirkt auch NO_3^- oxidierend.

Weitere oxidierende Ionen: $Cr_2O_7^{2-}$, AsO_4^{3-}, $S_2O_8^{2-}$, MnO_4^-

Reduktion von Iod

Durchführung 5 Tropfen Sodaauszug werden mit verd. Salzsäure angesäuert und mit 1–2 Tropfen I_2-KI-Lösung versetzt.

Entfärbend wirken: SCN^- (schwach), S^{2-}, $S_2O_3^{2-}$, SO_3^{2-}, $[Fe(CN)_6]^{4-}$

Weitere reduzierende Ionen: CN^-, AsO_3^{3-}

5.2.3 Trennungsgang der Anionen einiger halogenhaltiger Säuren

Der Trennungsgang einiger halogenhaltiger Anionen, wie ihn bereits Prof. Ackermann in seinem Werk [1] vorschlägt, ist in Abb. 5.1 zu finden. Der Vorteil dieses Trennungsgangs ist, dass alle Nachweise außer für Perchlorat auf den Nachweis der Halogenide zurückgeführt werden.

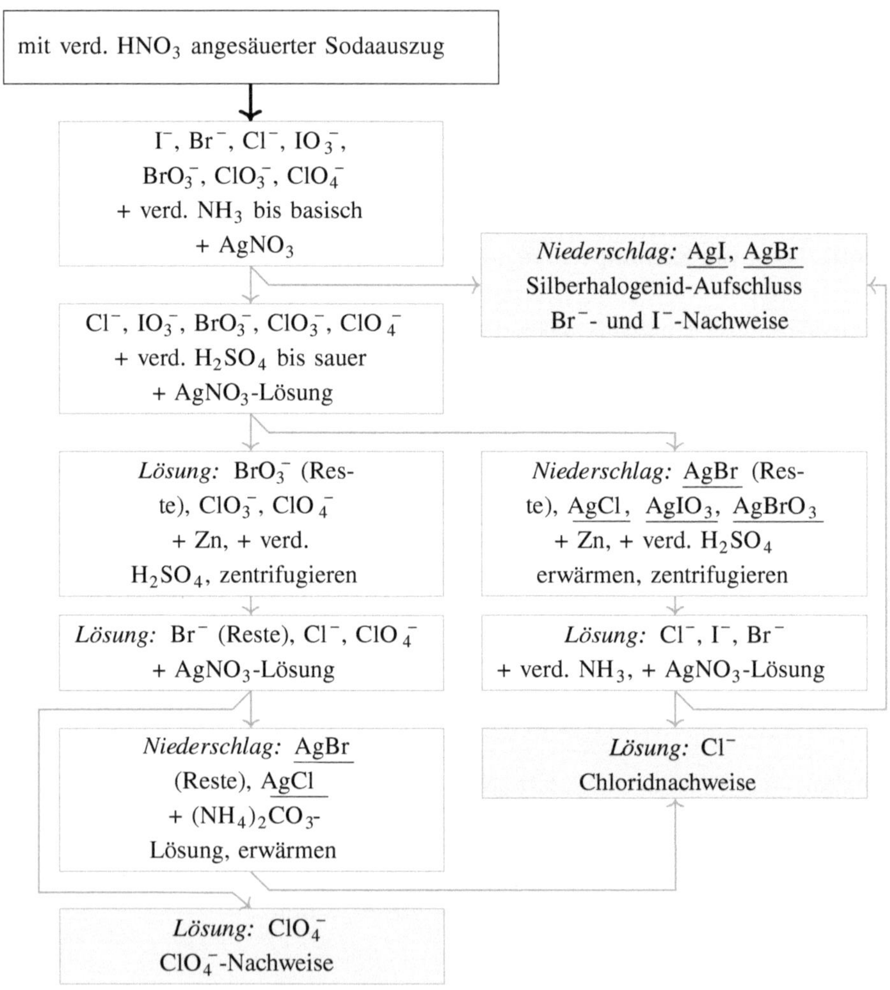

Abb. 5.1 Trennungsgang der Anionen einiger halogenhaltiger Säuren

5.2.4 Trennung von Sulfid, Sulfit, Sulfat und Thiosulfat

Das Arbeitsschema für den Trennungsgang der Schwefelverbindungen nach Prof. Ackermann [1] ist in Abb. 5.2 zu finden.

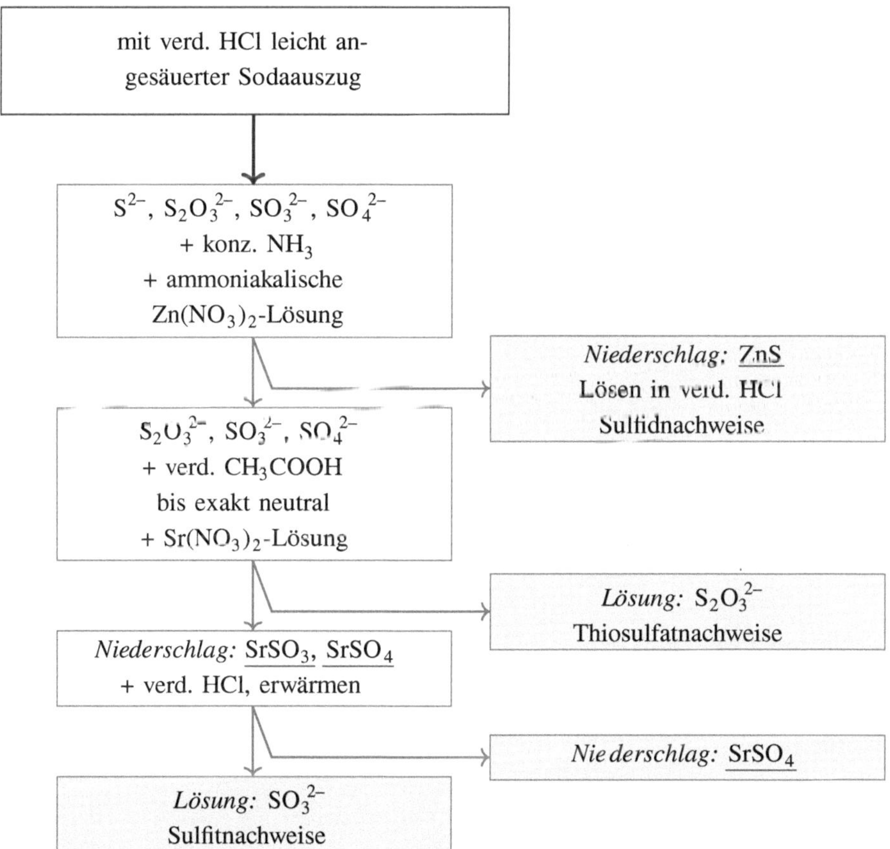

Abb. 5.2 Trennungsgang von Sulfid, Sulfit, Sulfat und Thiosulfat

5.2.5 Nachweisreaktionen der Anionen

Fluorid: F^-

Ätzprobe

Durchführung In einem Bleitiegel werden zu einem Halbmikrospatel Analysensubstanz 3 Tropfen konz. Schwefelsäure gegeben. Der Tiegel wird mit einem Deckgläschen bedeckt und im Wasserbad (Porzellanschale) erwärmt.

Beobachtung Nach dem Abwaschen ist das Deckgläschen getrübt und rau. Die Oberfläche erscheint milchig weiß. Die Trübung lässt sich nicht abwaschen.

Auswertung Die stärkere Schwefelsäure verdrängt die schwächere Flusssäure aus ihren Salzen. Die freie Flusssäure steigt als Dampf auf und greift das Glas an. Dabei ist nicht die Säurestärke entscheidend, sondern die Fähigkeit der Fluorid-Ionen, das Silicium zu komplexieren. Die Reaktionsgleichung ist beispielhaft mit CaF_2 als schwer lösliches Fluorid aufgestellt.

$$CaF_2 + H_2SO_4 \longrightarrow 2\,HF + CaSO_4\downarrow \qquad \{27\}$$

$$6\,HF + SiO_2 \longrightarrow H_2[SiF_6] + 2\,H_2O \qquad \{28\}$$

Bemerkungen Alle anderen Ionen, die mit konz. Schwefelsäure reagieren, stören durch den erhöhten Schwefelsäureverbrauch. Silicat und Borat stören durch die Bildung der jeweiligen Fluoride.

Entfärbung von $Fe(SCN)_3$

Durchführung Zur leicht sauren Analysensubstanz wird etwas tiefrote Eisen(III)-thiocyanat-Lösung gegeben.

Beobachtung Die Lösung entfärbt sich.

Auswertung Es bildet sich Hexafluoridoferrat(III).

$$Fe(SCN)_3 + 6\,F^- \longrightarrow [FeF_6]^{3-} + 3\,SCN^- \qquad \{29\}$$

Bemerkungen Störungen sind beim entsprechenden Thiocyanatnachweis zu finden.

> **Tipp!** Es muss geprüft werden, ob es sich um eine Entfärbung (positiver Nachweis) oder Farbaufhellung durch Verdünnung (negativer Nachweis oder Überschuss an $Fe(SCN)_3$) handelt. Dazu wird parallel zum Versuch die gleiche Anzahl Tropfen Eisen(III)-thiocyanat-Lösung zu einem Reagenzglas mit Wasser (gleiches Volumen wie bei der Analysenlösung) zugegeben. Diese Vergleichsprobe ist rot bis rotorange.

Chlorid: Cl^-

Durchführung Zu dem salpetersauren Sodaauszug wird so lange $AgNO_3$-Lösung zugetropft, bis kein Niederschlag mehr ausfällt. Zum gewaschenen Niederschlag wird $(NH_4)_2CO_3$-Lösung (meist Ammoniumcarbamat) gegeben und ggf. leicht erwärmt. Der verbleibende Niederschlag wird abzentrifugiert und die überstehende Lösung mit Salpetersäure angesäuert.

Beobachtung Bei der Zugabe der $AgNO_3$-Lösung kommt es zu einem Niederschlag, der sich durch Zugabe von $(NH_4)_2CO_3$-Lösung teilweise oder vollständig auflöst. Beim Ansäuern der überstehenden Lösung fällt ein weißer Niederschlag aus.

Auswertung Zunächst fallen alle säureunlöslichen Silberverbindungen aus. Nur Silberchlorid wird von der im Ammoniumcarbonat bzw. -carbamat vorhandenen, geringen Ammoniakkonzentration unter Bildung von $[Ag(NH_3)_2]^+$ gelöst. Beim Ansäuern wird die Konzentration des Ammoniaks durch Bildung von Ammonium-Ionen gesenkt und Silberchlorid fällt wieder aus.

$$Cl^- + Ag^+ \longrightarrow AgCl\downarrow \qquad \{30\}$$

$$NH_4^+ + H_2NCOO^- \rightleftharpoons NH_3 + H_2NCOOH \qquad \{31\}$$

$$H_2NCOOH + H_2O \rightleftharpoons NH_4^+ + HCO_3^- \qquad \{32\}$$

$$NH_4^+ + HCO_3^- \rightleftharpoons NH_3 + CO_{2(aq)} + H_2O \qquad \{33\}$$

$$AgCl + 2\,NH_3 \rightleftharpoons [Ag(NH_3)_2]^+ + Cl^- \qquad \{34\}$$

Bemerkungen Wegen der unzureichenden Lagerfähigkeit von Ammoniumcarbonat, wird oftmals Ammoniumcarbamat als Ersatz genutzt. Dieses liefert im Gleichgewicht ebenfalls etwas Ammoniak und bildet in warmem Wasser auch die für die Ammoniumcarbonat-Fällung benötigten Carbonat-Ionen.

Tipp!

Wenn der Niederschlag gut gewaschen wurde und kein überschüssiges Silbernitrat in der Lösung vorhanden ist, kann aus dem $(NH_4)_2CO_3$-Extrakt auch mit einer Bromid- oder Iodid-Lösung ein entsprechendes Silbersalz ausgefällt werden.

Als Alternative kann der Halogenidniederschlag auch mit Wasser gewaschen und mit $K_3[Fe(CN)_6]$-Lösung versetzt werden. Dabei sollte noch keine Braunfärbung auftreten. Bei der Zugabe von Ammoniumcarbonat fällt $Ag_3[Fe(CN)_6]$ als brauner Niederschlag um die Halogenidniederschläge aus.

Bromid und Iodid: Br^-, I^-

Durchführung Der mit Salzsäure angesäuerte Sodaauszug wird mit 10 Tropfen Trichlormethan (Chloroform) versetzt. Dazu wird 1 Tropfen Chlorwasser gegeben und ausgeschüttelt. Anschließend wird mehr Chlorwasser zugegeben und erneut ausgeschüttelt.

Beobachtung Nach dem ersten Ausschütteln entsteht eine violette Färbung der organischen, unteren Phase. Weiteres Chlorwasser verstärkt zunächst die Farbe bis sie sich über Braun zu weingelb ändert. Die wässrige Phase wird dabei langsam farblos.

Auswertung Nach dem ersten Ausschütteln ist die violette Färbung durch die geringere Elektronenaffinität des Iods im Gegensatz zum Brom zu erklären. Deshalb reagiert das Chlorwasser zuerst mit den Iodid-Ionen zum Iod, wodurch die organische Phase violett gefärbt wird. Bei weiterer Zugabe von Chlorwasser reagiert dieses auch mit den Bromid-Ionen unter Bildung von Brom. Dieses bildet mit weiterem Chlorwasser das Interhalogen Bromchlorid, welches schließlich für die weingelbe Färbung der organischen Phase verantwortlich ist. Iod reagiert mit Chlorwasser zu farblosem Iodat und dem farblosen Interhalogen Iodtrichlorid und es kommt zu keiner weiteren Farbveränderung der nun weingelben organischen Phase.

$$2\,Br^- + Cl_2 \longrightarrow Br_2 + 2\,Cl^- \qquad \{35\}$$

$$Br_2 + Cl_2 \longrightarrow 2\,BrCl \qquad \{36\}$$

$$2\,I^- + Cl_2 \longrightarrow I_2 + 2\,Cl^- \qquad \{37\}$$

$$I_2 + 5\,Cl_2 + 6\,H_2O \longrightarrow 10\,HCl + 2\,HIO_3 \qquad \{38\}$$

$$I_2 + 3\,Cl_2 \longrightarrow 2\,ICl_3 \qquad \{39\}$$

Bemerkungen Um das Chlor in situ zu erzeugen, kann auch Chloramin T in die salzsaure Lösung gegeben werden. Iod ist solvochrom und ist in sauerstoffhaltigen Lösungsmitteln braun. Der Versuch kann auch mit Diethylether als organische Phase durchgeführt werden, wobei wegen der gleichen Farben in beiden Lösungsmitteln die Phasentrennung weniger gut sichtbar ist. Außerdem entweicht der leichtflüchtige Diethylether schneller. Alternative Oxidationsmittel für Iodid zu Iod sind: konz. Wasserstoffperoxid- (Vorsicht, schäumt, keinen Ether verwenden!) und Kaliumnitrit-Lösung.

Thiocyanat: SCN^-

Mit Fe^{3+}

Durchführung Zu der leicht sauren Probenlösung wird auf der Tüpfelplatte etwas $FeCl_3$-Lösung gegeben.

Beobachtung Es entsteht eine tiefrote Färbung.

Auswertung Die Thiocyanat-Ionen bilden mit Eisen(III)-Ionen lösliche, tiefrote Charge-Transfer-Komplexe wechselnder Zusammensetzung.

$$[Fe(H_2O)_6]^{3+} + SCN^- \longrightarrow [Fe(H_2O)_5(SCN)]^{2+} + H_2O \qquad \{40\}$$

$$[Fe(H_2O)_5(SCN)]^{2+} + SCN^- \rightleftharpoons [Fe(H_2O)_4(SCN)_2]^{+} + H_2O \qquad \{41\}$$

$$[Fe(H_2O)_4(SCN)_2]^{+} + SCN^- \rightleftharpoons [Fe(H_2O)_3(SCN)_3] + H_2O \qquad \{42\}$$

Bemerkungen Auch weitere Ionen bilden mit Eisen(III)-Ionen gefärbte Lösungen, wie z. B. $[Fe(CN)_6]^{4-}$ und N_3^-. Störungen durch Komplexbildner, wie F^-, PO_4^{3-}, $C_2O_4^{2-}$ usw., werden durch einen Überschuss an $FeCl_3$-Lösung umgangen. Die Hexacyanidoferrate können mittels Cd^{2+}-Lösung ausgefällt werden und Thiocyanat kann in der überstehenden Lösung nachgewiesen werden.

Iodid-Ionen gehen mit Eisen(III)-Ionen ein Redoxgleichgewicht ein, was den Nachweis stört:

$$2\,Fe^{3+} + 2\,I^- \rightleftharpoons 2\,Fe^{2+} + I_2 \qquad \{43\}$$

Mit Cu^{2+}

Durchführung Zu der leicht sauren Probenlösung wird $CuSO_4$-Lösung gegeben. Anschließend wird etwas Na_2SO_3-Lösung zugetropft.

Beobachtung Es entsteht zunächst ein grüner bis schwarzer Niederschlag. Nach Zugabe von SO_3^{2-}-Lösung wird der Niederschlag weiß.

Auswertung Es bildet sich zunächst Kupfer(II)-thiocyanat (dunkelgrün), das je nach Konzentration stärker oder schwächer gefärbt ist. Durch Sulfit-Ionen wird es zu weißem Kupfer(I)-thiocyanat umgesetzt.

$$Cu^{2+} + 2\,SCN^- \longrightarrow Cu(SCN)_2\downarrow \qquad \{44\}$$

$$2\,Cu(SCN)_2 + H_2O + SO_3^{2-} \longrightarrow 2\,CuSCN\downarrow + SO_4^{2-} + 2\,H^+ + 2\,SCN^- \qquad \{45\}$$

Tipp!

S^{2-} fällt mit Cu^{2+}-Ionen schwarz aus und kann daher leicht mit dem Reaktionsprodukt einer konz. Lösung verwechselt werden. Nur mit der Reduktion zu CuSCN wird der Nachweis eindeutig!

Chlorat: ClO_3^-

Durchführung Die stark phosphorsaure Probenlösung wird mit $MnSO_4$-Lösung versetzt und in der Brennerflamme eingeengt und anschließend stark erhitzt (nicht glühen).

Beobachtung Beim Abkühlen kommt es zu einer Rot- bis Violettfärbung.

Auswertung Es bildet sich das komplexe Anion $[Mn(PO_4)_2]^{3-}$. Mangan in der Oxidationsstufe +III ist für die rote Farbe verantwortlich.

$$ClO_3^- + 6\,Mn^{2+} + 12\,PO_4^{3-} + 6\,H^+ \xrightarrow{\Delta} 6\,[Mn(PO_4)_2]^{3-} + Cl^- + 3\,H_2O \qquad \{46\}$$

Bemerkungen NO_2^-, NO_3^-, $S_2O_8^{2-}$, ClO^-, BrO_3^-, IO_3^- und IO_4^- reagieren genauso, die Blutlaugensalze stören die Reaktion.

Bromat: BrO_3^-

Durchführung Zu der leicht schwefelsauren Probenlösung wird 1 Tropfen konz. Schwefelsäure und etwa das gleiche Volumen $MnSO_4$-Lösung gegeben. Die Mischung wird im Wasserbad erwärmt. Anschließend wird Natriumacetat-Lösung zugegeben.

Beobachtung Es entsteht eine rote Färbung. Bei Zugabe von Natriumacetat fällt ein brauner Niederschlag aus.

Auswertung Mn^{2+} wird zu Mn^{3+} (rot) oxidiert. Das entstehende Bromid komproportioniert mit weiterem Bromat zu Brom, welches im basischen Milieu Braunstein (Mangan(IV)-oxidhydrat) ausfällen lässt.

$$BrO_3^- + 6\,Mn^{2+} + 6\,H^+ \longrightarrow 6\,Mn^{3+} + Br^- + 3\,H_2O \qquad \{47\}$$

$$BrO_3^- + 5\,Br^- + 6\,H^+ \longrightarrow 3\,Br_2 + 3\,H_2O \qquad \{48\}$$

$$2\,Mn^{3+} + Br_2 + 8\,OH^- \longrightarrow 2\,MnO_2\downarrow + 2\,Br^- + 4\,H_2O \qquad \{49\}$$

Bemerkungen Nach einiger Zeit fällt in neutraler Lösung Mangan(IV)-oxidhydrat auch ohne die Zugabe von Natriumacetat aus. Wird Alkaliacetat zugesetzt, fällt es schneller aus.

Iodat: IO_3^-

Nachweis mit Ag^+

Durchführung Zu der salpetersauren Analysenlösung wird $AgNO_3$ getropft. Der Niederschlag wird mit Wasser gewaschen und danach mit $(NH_4)_2CO_3$-Lösung versetzt und zentrifugiert. In die überstehende Lösung wird Na_2SO_3-Lösung gegeben. Anschließend wird mit konz. NH_3-Lösung versetzt.

Beobachtung Zunächst fällt ein weißer Niederschlag aus, der sich in der Ammoniumcarbonat-Lösung auflöst. Nach Zugabe der Sulfit-Lösung fällt ein gelber Niederschlag aus, der sich in konz. NH_3-Lösung nicht auflöst.

Auswertung Silberiodat ist bereits bei geringen NH_3-Konzentrationen unter Komplexbildung löslich. Mit Sulfit-Ionen wird es zum Silberiodid reduziert, das aus der ammoniakalischen Lösung gelb ausfällt und sich nicht in konz. NH_3-Lösung auflöst.

$$Ag^+ + IO_3^- \longrightarrow AgIO_3\downarrow \quad \{50\}$$

$$AgIO_3 + 2\,NH_3 \longrightarrow [Ag(NH_3)_2]^+ + IO_3^- \quad \{51\}$$

$$[Ag(NH_3)_2]^+ + IO_3^- + 3\,SO_3^{2-} \longrightarrow AgI\downarrow + 2\,NH_3 + 3\,SO_4^{2-} \quad \{52\}$$

Tipp!

Bromat reagiert genauso, das entstehende Silberbromid ist allerdings in konz. NH_3 löslich. Es ist daher sinnvoll, den entstehenden Silberhalogenid-Niederschlag zu untersuchen.

Reduktion mit Phosphinsäure

Durchführung Zu der neutralen oder schwach schwefelsauren Analysenlösung werden auf der Tüpfelplatte einige Tropfen einer $H_2PO(OH)$-Lösung (oder entsprechende Salzlösung) getropft. Nach ca. 2 min wird etwas Stärkelösung zugegeben.

Beobachtung Es kommt zu einer Blaufärbung.

Auswertung Phosphinsäure reduziert das Iodat zum Iod, welches mit Stärke einen blauen Komplex bildet.

$$12\,HIO_3 + 15\,H_2PO(OH) \longrightarrow 6\,I_2 + 6\,H_2O + 15\,H_3PO_4 \quad \{53\}$$

Bemerkungen ClO_3^- und BrO_3^- werden ebenfalls reduziert, geben aber keine Reaktion mit Stärke.

Perchlorat: ClO_4^- (Kristallbilder siehe Anhang D)

Durchführung Zu der Probenlösung wird auf einem Objektträger ein Körnchen festes Kaliumchlorid gegeben.

Beobachtung Es entstehen farblose, stark lichtbrechende, prismatische Kristalle, meist mit typischer „Sargdeckel-Form".

Auswertung Es kristallisiert Kaliumperchlorat aus.

$$K^+ + ClO_4^- \longrightarrow KClO_4\downarrow \qquad \{54\}$$

> **Tipp!** Ammonium-Ionen geben als NH_4ClO_4 die gleiche Kristallform, jedoch ist NH_4ClO_4 besser löslich als $KClO_4$.

Sulfid: S^{2-}

Beim Ansäuern tritt bei säurelöslichen Sulfiden ein typischer Schwefelwasserstoffgeruch (faule Eier) auf.

Nachweis in der Mikrogaskammer

Durchführung In der Mikrogaskammer wird die Ursubstanz mit Zinkpulver vermischt und verd. HCl zugegeben. Die Kammer wird mit einem Objektträger, an dem ein angefeuchtetes Bleiacetatpapier haftet, verschlossen.

Beobachtung Das Bleiacetatpapier verfärbt sich grauschwarz.

Auswertung Es wird H_2S freigesetzt, das mit dem Bleiacetat zu schwarzem bzw. metallisch glänzendem PbS reagiert. Das Zinkpulver erzeugt naszierenden Wasserstoff, der auch schwer lösliche Sulfide (wie HgS) lösen kann.

$$Zn + 2\,H^+ \longrightarrow Zn^{2+} + 2\,H_{nasz.} \qquad \{55\}$$

$$HgS + 2\,H_{nasz.} \longrightarrow Hg + 2\,H^+ + S^{2-} \qquad \{56\}$$

$$S^{2-} + 2\,H^+ \longrightarrow H_2S \qquad \{57\}$$

$$H_2S + Pb^{2+} \longrightarrow PbS + 2\,H^+ \qquad \{58\}$$

Bemerkungen Das Zinkpulver kann durch die Gasentwicklung nach oben spritzen. Dann sind nur punktuelle Schwarzfärbungen zu sehen. Das PbS kann auch ein metallisch-graues Aussehen aufweisen.

Nachweis mit Nitroprussid (nur basenlösliche Sulfide)

Durchführung Auf der Tüpfelplatte wird die neutrale Probenlösung mit etwas Na_2CO_3-Lösung versetzt und etwas frisch bereitete $Na_2[Fe(CN)_5(NO)]$-Lösung zugetropft.

Beobachtung Die Lösung färbt sich blauviolett.

Auswertung Es bildet sich violettes $[Fe(CN)_5S]^{4-}$.

$$[Fe(CN)_5(NO)]^{2-} + S^{2-} \longrightarrow [Fe(CN)_5S]^{4-} + NO \qquad \{59\}$$

Bemerkungen Ein zu basischer pH-Wert verhindert die Bildung des Komplexes. Im sauren pH-Bereich zerfällt der Komplex und die Farbe verschwindet. Es kann auch direkt der Sodaauszug (ohne Neutralisation) für den Nachweis herangezogen werden.

> **Tipp!** In vielen Literaturstellen ist als Produkt $[Fe(CN)_5(NO)S]^{4-}$ zu finden. Eine siebenfache Koordination von Eisen(II)- bzw. Eisen(III) Ionen ist nicht typisch. Aufgrund der Kristallstrukturdaten von $Na_5[Fe(CN)_5(SO_3)] \cdot 10\frac{1}{2} H_2O$ [5] (siehe Sulfit-Nachweise) erscheint das hier postulierte Produkt mit sechsfach koordiniertem Eisen-Ion sinnvoller.

Thiosulfat: $S_2O_3^{2-}$

Beim Ansäuern setzen Thiosulfate Schwefel frei. Außerdem entsteht SO_2 mit typischem Geruch.

„Chemischer Sonnenuntergang"

Durchführung Zu der neutralen Probenlösung (mit HNO_3 neutralisierter Sodaauszug) werden 2 Tropfen Silbernitrat zugegeben.

Beobachtung Es entsteht zunächst ein weißer Niederschlag, der sich schnell über gelb – orange – rot zu schwarz verfärbt.

Auswertung Es fällt zunächst Silberthiosulfat aus, welches anschließend disproportioniert.

$$2\,Ag^+ + S_2O_3^{2-} \longrightarrow Ag_2S_2O_3\downarrow \qquad \{60\}$$

$$Ag_2S_2O_3 + H_2O \longrightarrow Ag_2S\downarrow + H_2SO_4 \qquad \{61\}$$

Bemerkungen Für den Nachweis ist es wichtig, dass Ag^+ im Überschuss vorliegt, weil sich sonst der lösliche, farblose Dithiosulfatoargentat-Komplex bildet.

Mit $FeCl_3$-Lösung

Durchführung Zu der neutralen Probenlösung werden 2 Tropfen $FeCl_3$-Lösung gegeben.

Beobachtung Die Lösung färbt sich zunächst violett und entfärbt sich anschließend vollständig.

Auswertung Es bildet sich zunächst ein Thiosulfatoeisen(III)-Komplex (violett), der anschließend in Fe^{2+} und $S_4O_6^{2-}$ zerfällt.

$$Fe^{3+} + S_2O_3^{2-} \longrightarrow [Fe(S_2O_3)]^+ \qquad \{62\}$$

$$2\,[Fe(S_2O_3)]^+ \longrightarrow 2\,Fe^{2+} + S_4O_6^{2-} \qquad \{63\}$$

Bemerkungen Im Gegensatz zu Thiosulfat entfärbt eine Sulfit-Lösung die Eisen(III)-Lösung ohne die zwischenzeitliche violette Färbung.

Sulfit: SO_3^{2-}

Beim Ansäuern von sulfithaltigen Lösungen wird SO_2 mit typischem Geruch frei.

Als Sulfat

Durchführung Zur neutralen Probenlösung werden 5 Tropfen konz. Essigsäure und 2 Tropfen $BaCl_2$-Lösung gegeben. Falls ein Niederschlag entsteht, wird dieser abzentrifugiert. Die Lösung wird tropfenweise mit $KMnO_4$-Lösung bis zur Violettfärbung der Lösung versetzt. Anschließend wird etwas verd. Wasserstoffperoxid-Lösung bis zur Entfärbung zugegeben.

Beobachtung Es fällt ein weißer bis rosa Niederschlag aus.

Auswertung Das Permanganat oxidiert das Sulfit zu Sulfat, welches mit Barium(II)-Ionen ausfällt. Es können sich $BaSO_4$/$KMnO_4$-Mischkristalle bilden, die rosa sind und nicht durch H_2O_2 entfärbt werden können.

$$5\,SO_3^{2-} + 2\,MnO_4^- + 6\,H^+ \longrightarrow 5\,SO_4^{2-} + 2\,Mn^{2+} + 3\,H_2O \qquad \{64\}$$

$$Ba^{2+} + SO_4^{2-} \longrightarrow BaSO_4\downarrow \qquad \{65\}$$

$$Ba^{2+} + SO_4^{2-} \xrightarrow{K^+,\ MnO_4^-} Ba_{1-x}K_x(SO_4)_{1-x}(MnO_4)_x\downarrow \qquad \{66\}$$

Bemerkungen Alternativ kann der Nachweis auch mit I_2-KI-Lösung oder H_2O_2 statt $KMnO_4$ erfolgen, dann ist der entstehende Niederschlag weiß. Es stören alle von MnO_4^- oxidierbaren Ionen (z. B. Cl^-, Br^-, I^-), wobei die Halogenide zuvor mit $AgNO_3$-Lösung abgetrennt werden können.

Tipp!

$BaSO_4$ und $KMnO_4$ bilden einen leicht rosa gefärbten Mischkristall, der nur, wenn er ganz frisch gefällt wurde, mit Wasserstoffperoxid entfärbt werden kann. Mit der beschriebenen Durchführung lässt sich der Niederschlag nicht vollständig entfärben. Daher ist der Nachweis mit $KMnO_4$ zu bevorzugen.

Nachweis als $Zn_2[Fe(CN)_5(SO_3)]$

Durchführung Auf der Tüpfelplatte werden 2 Tropfen einer konz. $ZnSO_4$-Lösung mit 1 Tropfen $K_4[Fe(CN)_6]$-Lösung und 1 Tropfen einer frisch bereiteten Lösung von $Na_2[Fe(CN)_5(NO)]$ versetzt. Dazu wird die neutrale Probenlösung getropft.

Beobachtung Die Lösung färbt sich blutrot.

Auswertung Es bildet sich $Zn_2[Fe(CN)_5(SO_3)]$. Das frisch gefällte $Zn_2[Fe(CN)_6]$ katalysiert die Reaktion.

$$2\,Zn^{2+} + SO_3^{2-} + [Fe(CN)_5(NO)]^{2-} \longrightarrow Zn_2[Fe(CN)_5(SO_3)] + NO \qquad \{67\}$$

Tipp!

In vielen Literaturstellen ist als Produkt $Zn_2[Fe(CN)_5(NO)(SO_3)]$ zu finden. Eine siebenfache Koordination von Eisen(II)- bzw. Eisen(III)-Ionen ist nicht typisch. Aufgrund der Kristallstrukturdaten von $Na_5[Fe(CN)_5(SO_3)] \cdot 10\frac{1}{2}\,H_2O$ [5] erscheint das hier postulierte Produkt mit sechsfach koordiniertem Eisen-Ion sinnvoller.

Sulfat: SO_4^{2-}

Durchführung Zu der salpetersauren Lösung des Sodaauszugs wird etwas $BaCl_2$-Lösung gegeben.

Beobachtung Es fällt ein weißer Niederschlag aus.

Auswertung Es bildet sich $BaSO_4$.

$$Ba^{2+} + SO_4^{2-} \longrightarrow BaSO_4\downarrow \qquad \{68\}$$

Bemerkungen Bei Zugabe von $KMnO_4$ (Mischkristallfällung, wie in Gl. {66}) stören alle von MnO_4^- oxidierbaren Ionen (z. B. Cl^-, Br^-, I^-), wobei die Halogenide zuvor mit $AgNO_3$-Lösung abgetrennt werden können.

! $BaCl_2$ kann bei reichlich vorhandenen Chlorid-Ionen als Konzentrationsniederschlag fallen.

Tipp! Der Nachweis kann verbessert werden, indem direkt vor dem Fällen etwas $KMnO_4$-Lösung zugegeben und nach dem Fällen erwärmt wird. Nach einigen Minuten wird der Überschuss an $KMnO_4$ mit H_2O_2 entfernt. Der Niederschlag ist der gleiche Mischkristall, wie beim Sulfitnachweis, ein leicht rosa Mischkristall, der sich nicht von H_2O_2 entfärben lässt. Bei dieser Variante stören außerdem ClO-, CN-, NCO- SCN- und die Hexacyanidoferrate.

Nitrit: NO_2^-

Nachweis mit Lunges Reagenz

Durchführung Auf eine Tüpfelplatte werden zu etwas Analysensubstanz 1 Tropfen essigsaure Sulfanilsäure und 1 Tropfen essigsaures α-Naphthylamin gegeben.

Beobachtung Nach kurzer Zeit kommt es zu einer tiefroten Färbung.

Auswertung Die Nitrit-Ionen bilden mit Sulfanilsäure ein Diazonium-Ion, welches mit α-Naphthylamin zu einem roten Azofarbstoff reagiert.

$$^{\ominus}O_3S{-}C_6H_4{-}NH_2 + HNO_2 \xrightarrow[-\,2\,H_2O;\;-\,AcO^-]{+\,AcOH} {}^{\ominus}O_3S{-}C_6H_4{-}\overset{\oplus}{N}N \quad \{69\}$$

$$\overset{\oplus}{N}N{-}C_6H_4{-}SO_3^{\ominus} + C_{10}H_7{-}NH_2 \xrightarrow[-\,H^+]{} {}^{\ominus}O_3S{-}C_6H_4{-}N{=}N{-}C_{10}H_6{-}NH_2 \quad \{70\}$$

roter Azofarbstoff

Bemerkungen Sehr starke Oxidationsmittel können die organischen Reagenzien zerstören.

Nitrat: NO_3^-

Um Störungen durch NO_2^- zu vermeiden, kann das Nitrit zuvor mit Amidoschwefelsäure oder Harnstoff entfernt werden.

Ringprobe

Durchführung 3 Tropfen schwefelsaure Analysenlösung werden im Halbmikroreagenzglas mit 3 Tropfen einer kalt gesättigten mit verd. H_2SO_4 angesäuerten $FeSO_4$-Lösung versetzt. Nun wird mit 3 Tropfen konz. Schwefelsäure unterschichtet, indem sie langsam an der Wand entlanglaufend zugegeben wird.

Beobachtung An der Grenzfläche zwischen Probenlösung und Schwefelsäure bildet sich nach kurzer Zeit eine bräunliche Färbung in Form eines Rings aus.

Auswertung Das Nitrat wird zu Stickstoffmonoxid reduziert, das mit den Eisen(II)-Ionen einen braunen Komplex bildet. Der genaue Reaktionsweg ist noch nicht aufgeklärt.

$$NO_3^- + 3\,Fe^{2+} + 4\,H^+ \rightleftharpoons NO + 3\,Fe^{3+} + 2\,H_2O \qquad \{71\}$$

$$NO + [Fe(H_2O)_6]^{2+} \rightleftharpoons H_2O + \underset{\text{braun}}{[Fe(H_2O)_5NO]^{2+}} \qquad \{72\}$$

Bemerkungen Die Reaktion ist recht unempfindlich und es muss mit ausreichend hoher Konzentration gearbeitet werden. Der Ring bildet sich aufgrund der hygroskopischen Wirkung der Schwefelsäure nur an der Grenzfläche. Es stören: CN^-, SCN^-, CrO_4^{2-}, SO_3^{2-}, $S_2O_3^{2-}$, IO_3^-, NO_2^-, I^-, Br^- und die Hexacyanidoferrate. Die störenden Ionen können mit Silberacetat gefällt und der Nachweis mit dem Zentrifugat ausgeführt werden. Nitrit kann durch die Zugabe von Harnstoff entfernt werden.

Als Ammoniak

Durchführung In der Mikrogaskammer wird Analysensubstanz mit Aluminiumpulver vermischt. Dazu wird etwas konz. NaOH gegeben. Die Kammer wird mit einem Objektträger, an dem ein Tropfen Neßlers Reagenz hängt, verschlossen.

Beobachtung Es kommt zu einer Gasentwicklung in der NaOH-Lösung und einem braunen Niederschlag am Tropfen.

Auswertung Aluminium löst sich in konz. NaOH unter Komplexbildung auf. Der naszierende Wasserstoff reduziert das Nitrat bis zum Ammoniak, das anschließend nachgewiesen wird.

$$Al + OH^- + 3\,H_2O \longrightarrow 3\,H_{nasz} + [Al(OH)_4]^- \qquad \{73\}$$

$$8\,H_{nasz} + NO_3^- \longrightarrow NH_3\uparrow + 2\,H_2O + OH^- \qquad \{74\}$$

$$NH_3 + 2\,[HgI_4]^{2-} + 3\,OH^- \longrightarrow 2\,H_2O + \underset{\text{braun}}{[Hg_2N]I \cdot H_2O\downarrow} + 7\,I^- \qquad \{75\}$$

Bemerkungen Alternativ kann Zinkpulver verwendet werden. Die Reaktion kann auch mit Nitrit durchgeführt werden. Es darf kein Ammonium vorhanden sein (mit NaOH zuvor entfernen).

Als Nitrit

Nitrat kann mit Zinkpulver in saurer Lösung zu Nitrit reduziert werden. Damit können alle für Nitrit gängigen Nachweise erfolgen:

$$NO_3^- + Zn + 2\,H^+ \longrightarrow NO_2^- + Zn^{2+} + H_2O \qquad \{76\}$$

Phosphat: PO_4^{3-} (früher Orthophosphat)

Mit $ZrOCl_2$

Durchführung Die Lösung aus dem Sodaauszug wird mit Salzsäure angesäuert und eine frisch bereitete, salzsaure Zirkoniumoxidchlorid-Lösung zugegeben.

Beobachtung Es bildet sich ein weißer Niederschlag, der sich auch bei weiterer Salzsäurezugabe nicht auflöst.

Auswertung Es fällt Zirkoniumhydrogenphosphat-dihydrat aus. Im Gegensatz zu vielen anderen schwer löslichen Phosphaten löst es sich auch im stark sauren Milieu nicht wieder auf.

$$2\,H_2PO_4^- + ZrO^{2+} + H_2O \longrightarrow Zr(HPO_4)_2 \cdot 2\,H_2O\downarrow \qquad \{77\}$$

Mit Magnesia-Mixtur (Kristallbilder siehe Anhang D)

Durchführung Auf einem Objektträger werden 1 Tropfen Analysenlösung mit 1 Tropfen Magnesia-Mixtur vereint.

Beobachtung Es bildet sich ein weißer Niederschlag. Unter dem Mikroskop sind Kristalle zu erkennen.

Auswertung Es fällt Ammoniummagnesiumphosphat-hexahydrat aus, das eine charakteristische, von der Konzentration abhängige Kristallform aufweist.

$$PO_4^{3-} + NH_4^+ + Mg^{2+} + 6\,H_2O \longrightarrow MgNH_4PO_4 \cdot 6\,H_2O\downarrow \qquad \{78\}$$

Bemerkungen AsO_4^{3-} gibt die analoge Reaktion und zeigt eine ähnliche Kristallform.

Mit Ammoniummolybdat

Durchführung Zum stark salpetersauren Sodaauszug wird etwas Ammoniummolybdat-Lösung getropft und im Wasserbad erwärmt.

Beobachtung Es fällt ein gelber Niederschlag aus.

Auswertung Es bildet sich Ammoniummolybdatophosphat.

$$PO_4^{3-} + 24\,H^+ + 3\,NH_4^+ + 12\,MoO_4^{2-} \longrightarrow (NH_4)_3[P(Mo_{12}O_{40})]\downarrow + 12\,H_2O \quad \{79\}$$

Bemerkungen Mit Silicat, Arsenat und Germanat bildet sich eine gelbe Lösung. F^-, Cl^-, $C_2O_4^{2-}$ und H_2O_2 stören.

> **Tipp!** Der Nachweis kann auch auf einem Filterpapier erfolgen. Dabei werden je 1 Tropfen salpetersaure Analysenlösung und Ammoniummolybdat nebeneinander aufgetragen. Beim Zusammenlaufen der Tropfen bildet sich eine gelbe Linie aus.

Carbonat: CO_3^{2-}

Als CO2

Gute Hinweise auf Carbonate liefern heftige Gasentwicklungen beim Ansäuern und, im Fall wasserlöslicher Carbonate, eine basische Reaktion der wässrigen Lösung.

Durchführung In der Mikrogaskammer wird etwas Analysensubstanz mit verd. HCl versetzt. Die Kammer wird mit einem Objektträger, an dem ein Tropfen $Ba(OH)_2$-Lösung hängt, verschlossen. Ein Vergleichstropfen wird auf den Objektträger gegeben.

Beobachtung Der Tropfen in der Mikrogaskammer wird schneller trüb als der Tropfen außerhalb.

Auswertung Es entweicht durch das Ansäuern CO_2, das mit $Ba(OH)_2$-Lösung zu $BaCO_3$ reagiert, welches schwer löslich ist.

$$Na_2CO_3 + 2\,H^+ \longrightarrow 2\,Na^+ + H_2O + CO_2\uparrow \quad \{80\}$$

$$CO_2 + Ba(OH)_2 \longrightarrow H_2O + BaCO_3\downarrow \quad \{81\}$$

$Ba(OH)_2$-Lösung nimmt bereits CO_2 aus der Luft auf. Daher muss zwingend ein Vergleichstropfen als Blindprobe genutzt werden!

Silicat: SiO_3^{2-}

Wassertropfenprobe/Bleitiegelprobe

Durchführung In einem Bleitiegel wird festes Calciumfluorid mit mindestens der 3-fachen Menge Analysensubstanz vermengt. Es werden ca. 1 ml konz. Schwefelsäure hinzugegeben. Der Tiegel wird mit einem Bleideckel verschlossen, welcher in der Mitte ein Loch besitzt, über das ein Stück angefeuchtetes schwarzes Filterpapier gelegt wurde. Der Tiegel wird nun im Wasserbad erwärmt.

Beobachtung Nach Zugabe der Schwefelsäure entsteht ein Gas. Auf der Unterseite des Filterpapiers bildet sich eine weiße Ablagerung.

Auswertung Die Schwefelsäure reagiert mit dem Calciumfluorid zu Flusssäure, welche das Siliciumdioxid bzw. Silicat angreift und zersetzt. Dabei bildet sich gasförmiges Siliciumtetrafluorid (Tetrafluorsilan). Dieses steigt bis zum angefeuchteten Filterpapier auf und reagiert dort mit dem Wasser wieder zu Siliciumdioxid, das sich dann als weiße Ablagerung auf dem schwarzen Filterpapier abscheidet.

$$CaF_2 + H_2SO_4 \longrightarrow 2\,HF + CaSO_4\downarrow \qquad \{82\}$$

$$4\,HF + SiO_2 \longrightarrow SiF_4\uparrow + 2\,H_2O \qquad \{83\}$$

$$3\,SiF_4 + 2\,H_2O \longrightarrow \underset{\text{weiß}}{SiO_2\downarrow} + 2\,H_2[SiF_6] \qquad \{84\}$$

Bemerkungen Es darf kein Überschuss an F^- vorliegen, weil sonst im Tiegel $[SiF_6]^{2-}$ gebildet wird und kein SiF_4 aufsteigen kann.

Mit Ammoniummolybdat (nur lösliche Orthosilicate)

Durchführung Die Analysenlösung wird stark mit Salpetersäure angesäuert und Ammoniummolybdat zugegeben.

Beobachtung Die Lösung färbt sich intensiv gelb.

Auswertung Es bildet sich Molybdokieselsäure.

$$SiO_4^{4-} + 12\,MoO_2^{2+} + 12\,H_2O \longrightarrow [Si(Mo_3O_{10})_4]^{4-} + 24\,H^+ \qquad \{85\}$$

Bemerkungen Schwer lösliche Ortho-, Oligo- und Polysilicate und SiO_2 können mittels basischem Aufschluss in lösliche Orthosilicate überführt werden, welche dann die Reaktion eingehen.

> **Tipp!** Der Nachweis kann auch auf einem Filterpapier erfolgen. Anders als beim Phosphatnachweis bildet sich hier keine gelbe Linie (Niederschlag), sondern eine stärkere Gelbfärbung, die weiter verläuft.

Hexafluoridosilicat: $[SiF_6]^{2-}$

Bei Anwesenheit von Hexafluoridosilicat fällt die Bleitiegelprobe auch ohne Zusatz von CaF_2 oder SiO_2 positiv aus. Hexafluoridosilicat fällt im Gegensatz zur Mischung von (unlöslichen) Silicaten und Fluoriden mit $BaCl_2$-Lösung weiß aus. Auch mit NaCl kann ein Niederschlag erhalten werden.

Borat: BO_2^-

Als $B(OCH_3)_3$

Durchführung Die Analysenlösung wird mit Methanol und 1 Tropfen konz. H_2SO_4 versetzt. Das beim Erhitzen entstehende Gas wird entzündet.

Beobachtung Die Flamme ist grün.

Auswertung Es verbrennt neben Methanol der Borsäuretrimethylester, der die Flamme grün färbt.

$$3\,H_3COH + H_3BO_3 \xrightarrow{H_2SO_4} B(OCH_3)_3 + 3\,H_2O \qquad \{86\}$$

$$2\,B(OCH_3)_3 + 9\,O_2 \longrightarrow B_2O_3 + 6\,CO_2 + 9\,H_2O \qquad \{87\}$$

> In Gegenwart von Chloraten, Perchloraten und Permanganaten besteht Explosionsgefahr! Permanganat und Chlorate können durch Abrauchen mit konz. HCl entfernt werden. Bei vorhandenen Perchloraten darf dieser Nachweis auf keinen Fall erfolgen!

Mit mehrwertigen Alkoholen

Durchführung Die Analysenlösung wird mit verd. NaOH gegen Bromthymolblau neutralisiert (grün). Dazu wird eine ebenfalls gegen Bromthymolblau neutralisierte Glycerin- oder Mannit-Lösung gegeben.

Beobachtung Die Lösung färbt sich gelb.

Auswertung Borsäure ist eine sehr schwache Säure und bildet mit vielen Alkoholen deutlich stärker saure Komplexe, wodurch es zu einem Absinken des pH-Werts kommt. Dadurch schlägt das Bromthymolblau nach Gelb um.

$$2R-\underset{H}{\overset{OH}{C}}-\underset{H}{\overset{OH}{C}}-R + H_3BO_3 \longrightarrow \left[\begin{array}{c} R \\ H-C-O \\ H-C-O \\ R \end{array} B \begin{array}{c} R \\ O-C-H \\ O-C-H \\ R \end{array}\right]^- + H^+ + 2\,H_2O \quad \{88\}$$

Bemerkungen Periodate und Germanate stören.

Hexacyanidoferrat(II): $[Fe(CN)_6]^{4-}$

Durchführung Zur leicht salzsauren Analysenlösung wird 1 Tropfen $FeCl_3$-Lösung gegeben.

Beobachtung Es fällt ein tiefblauer Niederschlag aus.

Auswertung Es bildet sich Berliner Blau.

$$4\,Fe^{3+} + 3\,[Fe(CN)_6]^{4-} \longrightarrow Fe[FeFe(CN)_6]_3\downarrow \quad \{89\}$$

Bemerkungen Hexacyanidoferrat(III) und mit den Blutlaugensalzen ausfallende Kationen stören.

Hexacyanidoferrat(III): $[Fe(CN)_6]^{3-}$

Durchführung Zur leicht salzsauren Analysenlösung wird 1 Tropfen $(FeSO_4)$-Lösung gegeben.

Beobachtung Es fällt ein tiefblauer Niederschlag aus.

Auswertung Es bildet sich Berliner Blau.

$$4\,Fe^{2+} + 4\,[Fe(CN)_6]^{3-} \longrightarrow [Fe(CN)_6]^{4-} + Fe[FeFe(CN)_6]_3\downarrow \quad \{90\}$$

Bemerkungen Hexacyanidoferrat(II) und mit den Blutlaugensalzen ausfallende Kationen stören.

5.3 Trennungsgang und Nachweise der Kationen

Der Trennungsgang dient nur der Trennung der Ionen. Wird er exakt eingehalten, so können die entstehenden oder ausbleibenden Niederschläge auch bereits als Nachweis angesehen werden. Um jedoch Fehler zu vermeiden, sollten abgetrennte Niederschläge stets aufgelöst und die darin vermuteten Ionen nachgewiesen werden. Zum Vergleich sollten eine Vergleichsprobe (Positivprobe, mit dem nachzuweisenden Ion) und eine Blindprobe (Negativprobe, ohne das nachzuweisende Ion) genutzt werden.

5.3.1 Salzsäuregruppe

Zur Salzsäuregruppe gehören die Ionen, die als schwer lösliche Chloride in verdünnt salzsaurer Lösung ausfallen. Das sind Pb^{2+}, Hg_2^{2+} und Ag^+. Diese Ionen fallen noch mit einer Reihe anderer Anionen aus. Daher kann bei deren Anwesenheit nur mit Salpetersäure versucht werden, Oxide, Hydroxide und Carbonate zu lösen. Der vollständige Trennungsgang dieser Gruppe ist in Abb. 5.3 zu finden.

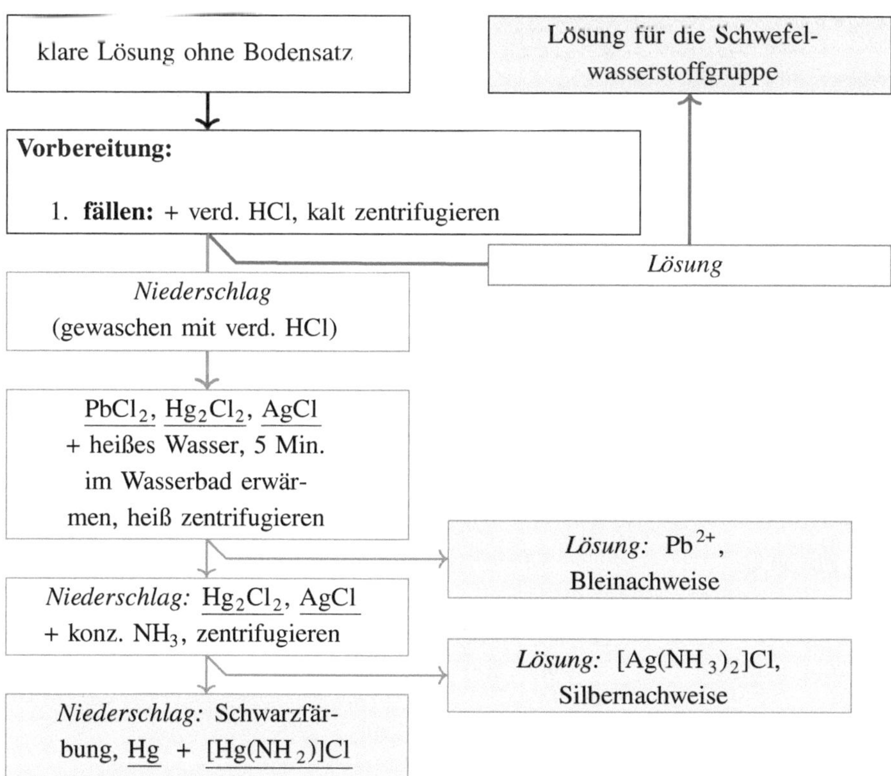

Abb. 5.3 Trennungsgang der Salzsäuregruppe

> **!** Eine zu hohe Chloridionenkonzentration, verursacht durch zu viel konz. Salzsäure, ist ebenfalls hinderlich, weil lösliche Chloridokomplexe gebildet werden können, wie beispielsweise:
>
> $$AgCl + Cl^- \rightleftharpoons [AgCl_2]^- \quad \{91\}$$

Nachweis von Blei(II)-Ionen: Pb^{2+}

Die Pb^{2+}-Ionen fallen im Trennungsgang als $PbCl_2$ an, welches in heißem Wasser löslich ist und beim Abkühlen oft in Form farbloser Nadeln wieder auskristallisiert. Damit Cl^- nicht stört, sollten die Nachweise in warmer Lösung durchgeführt werden.

Als PbI_2 (Goldregen)

Durchführung Die leicht saure, warme Analysenlösung wird zunächst mit 1 Tropfen KI-Lösung versetzt. Anschließend wird KI-Lösung im Überschuss dazugegeben.

Beobachtung Zunächst fällt ein gelber Niederschlag aus, der sich im großen Überschuss von KI-Lösung teilweise auflöst.

Auswertung Es bildet sich PbI_2, das sich im Überschuss von I^- unter Bildung von Tetraiodidoplumbat(II)-Ionen auflöst.

$$Pb^{2+} + 2\,I^- \longrightarrow \underset{\text{gelb}}{PbI_2\downarrow} \quad \{92\}$$

$$PbI_2 + 2\,I^- \longrightarrow [PbI_4]^{2-} \quad \{93\}$$

> **Tipp!** Der PbI_2-Niederschlag kann aus heißem Wasser umkristallisiert werden und bildet dann goldgelbe, glänzende Kristalle, die wie Goldregen aussehen. Alternativ kann der Nachweis auch auf dem Objektträger erfolgen und die Kristalle können unter dem Mikroskop betrachtet werden. (Bilder siehe Anhang D)

Als $PbCrO_4$

Durchführung Zur leicht sauren, warmen Analysenlösung wird 1 Tropfen Kaliumchromat gegeben.

Beobachtung Es fällt ein gelber Niederschlag aus.

Auswertung Es bildet sich Bleichromat.

$$Pb^{2+} + CrO_4^{2-} \longrightarrow \underset{\text{gelb}}{PbCrO_4\downarrow} \qquad \{94\}$$

Bemerkungen Es dürfen keine Ionen, die ebenfalls mit CrO_4^{2-}-Ionen ausfallen, zugegen sein. Der Versuch kann auf dem Objektträger wiederholt und die Kristalle unter dem Mikroskop betrachtet werden. Bei geringer Pb^{2+}-Konzentration kann die Fällung durch Erwärmen gefördert werden. Gelegentlich fällt auch orangerotes Blei(II)-chromat aus.

Mit Thioharnstoff in Salpetersäure (Kristallbilder siehe Anhang D)

Durchführung 1 Tropfen Analysenlösung wird auf einem Objektträger bis zur Trockne eingedampft. Es werden 1 Tropfen verd. HNO_3 sowie einige Kristalle Thioharnstoff zugegeben.

Beobachtung Es entstehen farblose, stark lichtbrechende Kristalle.

Auswertung Es bildet sich $(Pb(NO_3)_2)_2 \cdot 11\,SC(NH_2)_2$.

$$2\,Pb^{2+} + 4\,NO_3^- + 11\,SC(NH_2)_2 \longrightarrow [(Pb(NO_3)_2)_2 \cdot 11\,SC(NH_2)_2]\downarrow \qquad \{95\}$$

Bemerkungen Ag^+ stört im großen Überschuss und bildet lange dünne Nadeln. Mit Hg_2^{2+} entsteht ein amorpher Niederschlag. Die von Hg^{2+} gebildeten Nadeln lösen sich im Überschuss von Thioharnstoff auf. Außerdem stören MoO_4^{2-}, WO_4^{2-}, Tl^+, Cu^{2+} und SeO_4^{2-}. Antimon, im großen Überschuss, verringert die Empfindlichkeit.

Nachweis von Quecksilber(I)-Ionen: Hg_2^{2+}

Durch Disproportionierung

Die Hg_2^{2+}-Ionen unterliegen im Trennungsgang bereits der Disproportionierung. Der folgende Versuch ist exemplarisch für andere Lösungen dargestellt.

Durchführung Zu festem Hg_2Cl_2 werden 2 Tropfen verd. NH_3-Lösung gegeben.

Beobachtung Es entsteht ein schwarzer Niederschlag mit weißen Einschlüssen.

Auswertung Hg_2^{2+} disproportioniert durch Lewis-Basen.

$$Hg_2Cl_2 + 2\,NH_3 \longrightarrow \underset{\text{schwarz}}{Hg\downarrow} + \underset{\text{weiß}}{[HgNH_2]Cl\downarrow} + NH_4^+ + Cl^- \qquad \{96\}$$

Die Disproportionierung erfolgt auch mit anderen Basen, wie OH^-, I^- (Disproportionierung in der Wärme) oder S^{2-}.

Nachweis von Silber(I)-Ionen: Ag^+

Im Trennungsgang fällt Ag^+ als $[Ag(NH_3)_2]^+$ in ammoniakalischer Lösung an. Aus dieser wird Ag^+ als Nachweis wie beim Nachweis für Chlorid-Ionen (Abschn. 5.2.5) gefällt und gelöst.

5.3.2 Schwefelwasserstoffgruppe

Die Schwefelwasserstoffgruppe beinhaltet alle noch verbleibenden Ionen, die bereits im sauren Milieu schwer lösliche Sulfide bilden. Dazu gehören: Hg^{2+}, Cu^{2+}, Bi^{3+}, Cd^{2+}, $Sn^{2+/4+}$, $As^{3+/5+}$ und $Sb^{3+/5+}$ sowie Reste von Pb^{2+}, die nicht als Chlorid gefällt wurden. Vor allem für das Ausfällen von Cadmiumsulfid ist es wichtig, dass der pH-Wert nicht zu sauer ist. Gleichzeitig muss ein entsprechend niedriger pH-Wert eingestellt werden, damit Arsenat-Ionen als Arsen(V)-sulfid gefällt werden können und nicht der langsamen Reaktion zu Arsenit-Ionen und Schwefel erliegen und lösliche Thioarsenate bilden:

$$AsO_4^{3-} + S^{2-} + 2\,H^+ \longrightarrow \frac{1}{8}\,S_8\downarrow + AsO_3^{3-} + H_2O \qquad \{97\}$$

Tipp!

Der ideale pH-Wert liegt bei 0,5 und kann mit Methylviolett als Indikator geprüft werden.

Unter keinen Umständen darf ein Essigsäure-Acetat-Puffer genutzt werden, weil sonst Zn^{2+}-Ionen als Sulfid gefällt werden können.

Als Fällungsmittel bietet sich H_2S als Gas an. Ein Arbeiten mit Thioacetamid-Lösung ist weniger geeignet, weil der entstehende Puffer den pH-Wert ungünstig beeinflusst.

Die Schwefelwasserstoffgruppe teilt sich nach der Fällung in zwei Untergruppen auf: Die Kupfergruppe, die Hg^{2+}-, Pb^{2+}-, Cu^{2+}-, Cd^{2+}- und Bi^{3+}-Ionen enthält, welche keine löslichen Sulfidokomplexe bilden; und die Arsengruppe, bestehend aus $As^{3+/5+}$, $Sb^{3+/5+}$ und $Sn^{2+/4+}$, die sich in Ammoniumpolysulfid ggf. unter Oxidation zu löslichen Sulfidokomplexen umsetzen.

Die Gruppenfällung und Arsengruppentrennung sind in Abb. 5.4 und die Trennung der Kupfergruppe in Abb. 5.5 zu finden.

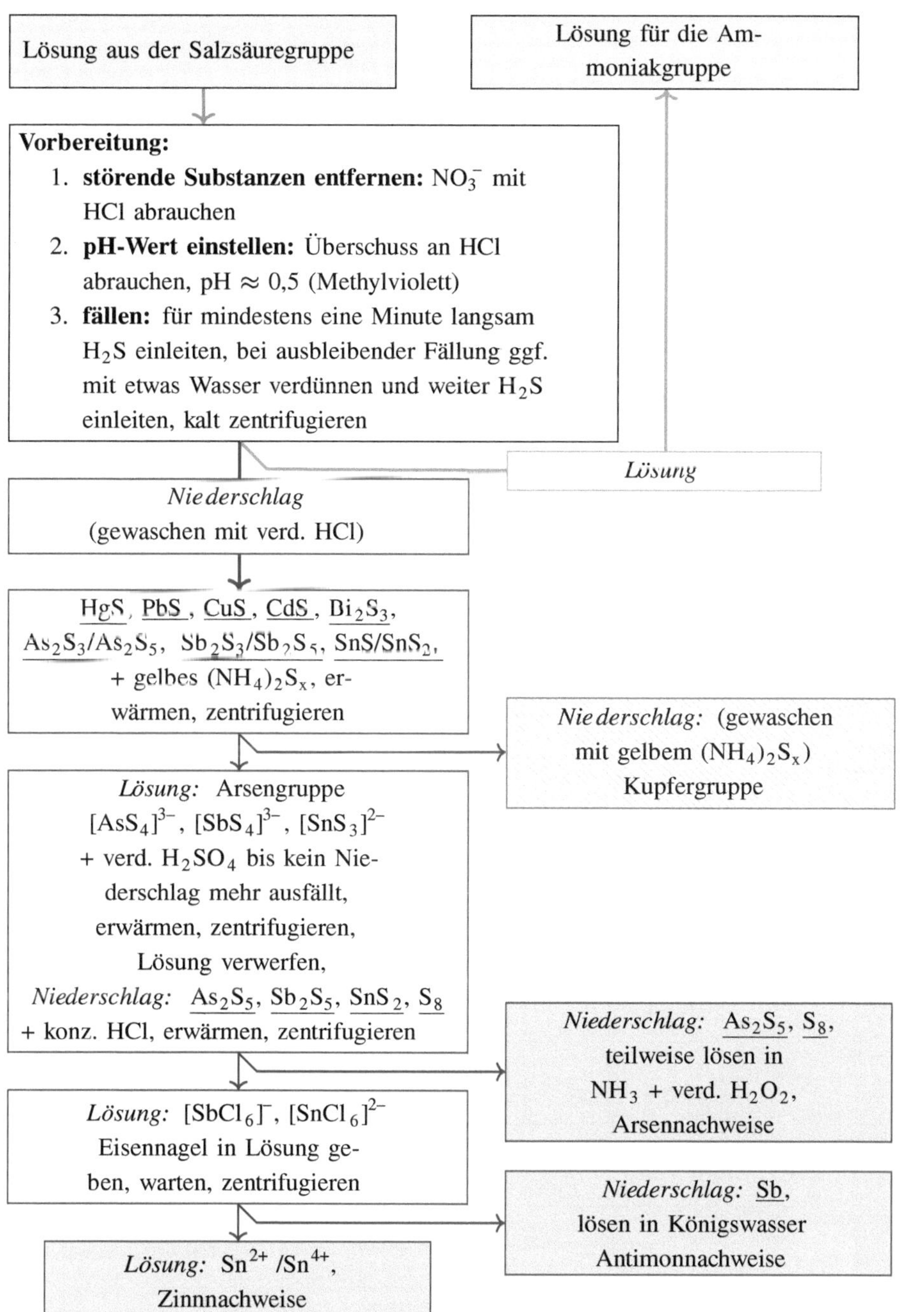

Abb. 5.4 Trennungsgang der Schwefelwasserstoffgruppe, Arsengruppe

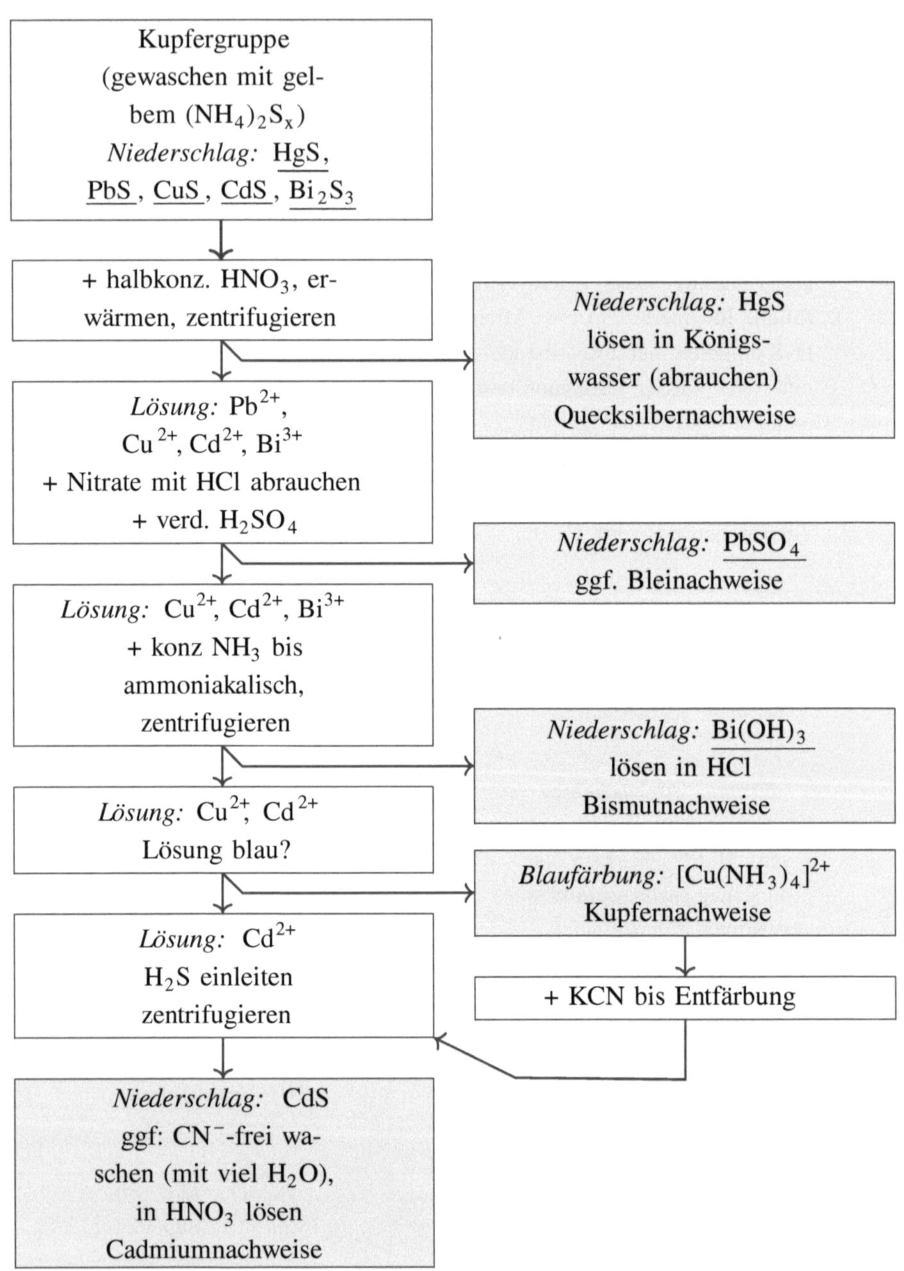

Abb. 5.5 Trennungsgang der Schwefelwasserstoffgruppe, Kupfergruppe

Nachweis von Arsenit (AsO_3^{3-}) und Arsenat (AsO_4^{3-})
Aus dem Trennungsgang wird Arsen durch Lösen von Arsen(V)-sulfid mit ammoniakalischem H_2O_2 in Arsenat überführt:

$$As_2S_5 + 16\,OH^- + 20\,H_2O_2 \longrightarrow 2\,AsO_4^{3-} + 5\,SO_4^{2-} + 28\,H_2O \qquad \{98\}$$

Proben mit der Ursubstanz können auch Arsen(III)-oxid enthalten. Dieses wird im sauren oder basischen Milieu unter Bildung von Arsen(III)-chlorid bzw. Arsenit-Ionen gelöst.

$$\text{sauer: } As_2O_3 + 6\,H^+ + 6\,Cl^- \longrightarrow 2\,AsCl_3 + 3\,H_2O \qquad \{99\}$$

$$\text{basisch: } As_2O_3 + 6\,OH^- \longrightarrow 2\,AsO_3^{3-} + 3\,H_2O \qquad \{100\}$$

Arsenat-Ionen reagieren ähnlich wie Phosphat-Ionen. Daher können die Phosphatnachweise (Abschn. 5.2.5) mit Magnesia-Mixtur und mit Ammoniummolybdat ebenso mit Arsenat mit dem gleichen Ergebnis durchgeführt werden.

Gutzeit'sche Probe

Durchführung In einem Halbmikroreagenzglas wird etwas Analysensubstanz und eine Zink-Granalie mit 5 Tropfen konz. HCl versetzt. Das Gefäß wird sofort mit einem Wattebausch verschlossen und darüber ein in $AgNO_3$-Lösung getränktes Filterpapier gelegt.

Beobachtung Es ist kurzzeitig eine Gelbfärbung des Filterpapiers zu beobachten, die schnell schwarz wird.

Auswertung Sowohl Arsen(III)- als auch Arsen(V)-Ionen reagieren wie bei der Marsh'schen Probe durch die Oxidation von Zink zu Zink(II)-Ionen mit dem dabei entstehenden Wasserstoff zu Arsenwasserstoff. Dieses farblose Gas steigt auf und bildet mit dem $AgNO_3$ einen gelblichen Niederschlag von Silber(I)-arsenid, der allerdings sehr schnell unter Bildung von elementarem Silber zerfällt, welches die schwarze Färbung des Filterpapiers erklärt.

$$As_2O_3 + 6\,Zn + 12\,H^+ \longrightarrow 2\,AsH_3 + 6\,Zn^{2+} + 3\,H_2O \qquad \{101\}$$

$$AsH_3 + 6\,Ag^+ + 3\,NO_3^- \longrightarrow \underset{\text{gelb}}{Ag_3As \cdot 3\,AgNO_3} + 3\,H^+ \qquad \{102\}$$

Bemerkungen Bei vorhandenem Quecksilber müssen größere Zinkmengen eingesetzt werden, um eine Störung zu umgehen. S^{2-} stört durch Bildung von schwarzem Ag_2S. PH_3 und SbH_3 reagieren genauso.

Der entstehende Wasserstoff kann das Silber ebenfalls reduzieren. Daher ist die Beobachtung der zwischenzeitlichen Gelbfärbung entscheidend.

Bettendorf'sche Probe

Durchführung In einem Glühröhrchen wird etwas Analysensubstanz mit 1 Tropfen konz. H_2O_2-Lösung, 2 Tropfen konz. NH_3-Lösung sowie 2 Tropfen verd. $MgCl_2$-Lösung versetzt. Die Mischung wird zur Trockne eingedampft und kurz zur Rotglut erhitzt. Nach dem Abkühlen werden 2 Tropfen $SnCl_2$-Lösung und konz. HCl-Lösung zugetropft und kurz erwärmt.

Beobachtung Es entsteht eine Braunfärbung.

Auswertung Es wird durch die $SnCl_2$-Lösung elementares Arsen abgeschieden. Die Vorbereitung ist notwendig, um alle Arsenverbindungen zu Arsenat zu oxidieren und dieses als Ammoniummagnesiumarsenat-hexahydrat zu fällen. Dadurch können bei Rotglut die störenden Substanzen entfernt werden.

$$AsO_3^{3-} + H_2O_2 \longrightarrow AsO_4^{3-} + H_2O \qquad \{103\}$$

$$AsO_4^{3-} + Mg^{2+} + NH_4^+ + 6\,H_2O \longrightarrow MgNH_4AsO_4 \cdot 6\,H_2O\downarrow \qquad \{104\}$$

$$2\,AsO_4^{3-} + 5\,Sn^{2+} + 30\,Cl^- + 16\,H^+ \longrightarrow 2\,As\downarrow + 5\,[SnCl_6]^{2-} + 8\,H_2O \qquad \{105\}$$

$$2\,AsO_3^{3-} + 3\,Sn^{2+} + 18\,Cl^- + 12\,H^+ \longrightarrow 2\,As\downarrow + 3\,[SnCl_6]^{2-} + 6\,H_2O \qquad \{106\}$$

Bemerkungen Die Vorbehandlung ist nicht notwendig, wenn kein Quecksilber oder andere Edelmetalle vorhanden sind. Arsen kann in allen positiven Oxidationsstufen mit der stark sauren $SnCl_2$-Lösung zu elementarem Arsen reduziert werden.

Das entstandene Arsen kann zur besseren Sichtbarkeit mit Ether oder Pentanol ausgeschüttelt werden. Dabei sammelt es sich an der Phasengrenzschicht.

Fleitmann'sche Probe (für Arsenit)

Durchführung In einem Halbmikroreagenzglas wird etwas Analysensubstanz mit Aluminiumspänen und konz. Natronlauge gegeben. Das Reagenzglas wird mit etwas Watte verschlossen und mit einen Filterpapier, das mit Silber(I)-nitrat-Lösung getränkt ist, abgedeckt. Nun wird vorsichtig erwärmt.

Beobachtung Es kommt zu einer Gelbfärbung, die allmählich in eine Schwarzfärbung übergeht.

Auswertung Ähnlich wie bei der Gutzeit'schen Probe wird Arsenwasserstoff gebildet, der mit den Ag^+-Ionen reagiert.

$$As_2O_3 + 9\,H_2O + 4\,OH^- + 4\,Al \longrightarrow 2\,AsH_3\uparrow + 4\,[Al(OH)_4]^- \qquad \{107\}$$

$$AsH_3 + 6\,Ag^+ + 3\,NO_3^- \longrightarrow Ag_3As \cdot 3\,AgNO_3 + 3\,H^+ \qquad \{108\}$$

$$Ag_3As \cdot 3\,AgNO_3 + 3\,H_2O \longrightarrow \underset{\text{schwarz}}{6\,Ag\downarrow} + 6\,H^+ + 3\,NO_3^- + AsO_3^{3-} \qquad \{109\}$$

Bemerkungen Durch das basische Milieu entsteht bei Anwesenheit von Antimon kein Antimonwasserstoff. Daher ist die Probe spezifisch für Arsen. Arsenat muss allerdings erst zu Arsenit reduziert werden.

Mit Ag^+

Durchführung Zur leicht salpetersauren Probenlösung wird $AgNO_3$-Lösung getropft. Die Lösung wird vorsichtig mit konz. NH_3-Lösung überschichtet.

Beobachtung Bei vorhandenem Arsenit bildet sich an der Grenzschicht ein gelber, bei vorhandenem Arsenat ein schokoladenbrauner Niederschlag.

Auswertung Es fällt das entsprechende Silbersalz aus. Beide Silberverbindungen lösen sich sowohl im sauren als auch ammoniakalischen Milieu auf. Daher ist der Niederschlag nur an der Grenzfläche zu erkennen.

$$AsO_3^{3-} + 3\,Ag^+ \longrightarrow \underset{\text{gelb}}{Ag_3AsO_3\downarrow} \qquad \{110\}$$

$$AsO_4^{3-} + 3\,Ag^+ \longrightarrow \underset{\text{schokoladenbraun}}{Ag_3AsO_4\downarrow} \qquad \{111\}$$

Bemerkungen Beim längeren Erwärmen der Ag_3AsO_3-haltigen Probe in ammoniakalischer Lösung wird Silber langsam reduziert und fällt aus:

$$2\,[Ag(NH_3)_2]^+ + AsO_3^{3-} + 2\,OH^- \longrightarrow \underset{\text{schwarz}}{2\,Ag\downarrow} + AsO_4^{3-} + 4\,NH_3 + H_2O \qquad \{112\}$$

Nachweis von Antimon(V)-(Sb^{5+}) und Antimon(III)-Ionen (Sb^{3+})

Für Antimon kann ebenfalls die Gutzeit'sche und die Marsh'sche Probe verwendet werden. Bei der Gutzeit'schen Probe können Arsen und Antimon nicht unterschieden werden, bei der Marsh'schen Probe hingegen löst sich das abgeschiedene Antimon deutlich langsamer in ammoniakalischer Wasserstoffperoxid-Lösung als Arsen. Das Ausfällen mit H_2S, nachdem alle anderen Elemente abgetrennt sind, kann aufgrund der charakteristischen Farbe als Nachweis herangezogen werden.

Als Molybdänblau (für Sb^{3+})

Durchführung Zu einer leicht salzsauren Probenlösung werden einige Tropfen konz. HNO_3 und anschließend etwas Molybdophosphorsäure-Lösung getropft.

Beobachtung Es kommt zu einer Blaufärbung.

Auswertung Es entsteht Molybdänblau, ein Molybdat variierender Zusammensetzung.

Bemerkungen Um vorhandenes Sb^{5+} zu reduzieren, können die Sulfidniederschläge des Trennungsgangs mit konz. H_2SO_4 bis zur klaren Lösung erwärmt werden. Danach liegen AsO_3^{3-}, Sn^{4+} und Sb^{3+} vor. Fe^{2+} und Sn^{2+} geben das gleiche Ergebnis, Cu^{2+} und Vanadiumverbindungen geben gelbe Niederschläge. Die Kationen ausreichend edler Elemente, wie Au, Se, Te, Mo, W und Tl (im Überschuss), verringern die Empfindlichkeit.

Das entstehende Molybdänblau kann mit Pentanol ausgeschüttelt werden, um die Empfindlichkeit zu erhöhen.

Mit Rhodamin B (für Sb^{5+})

Durchführung Auf der Tüpfelplatte werden zur Probenlösung zunächst einige Tropfen konz. HCl-Lösung gegeben. Anschließend ein Körnchen festes KNO_2 und ca. eine Minute später etwas Amidoschwefelsäure (oder Harnstoff). Zu der erhaltenen Lösung wird nun etwas Rhodamin-B-Lösung getropft.

Beobachtung Es kommt zu einem Farbumschlag von Hellrot zu Rotviolett.

Auswertung Gebildetes $[SbCl_6]^-$ reagiert mit Rhodamin B zu einem violetten Salz. Die Zugabe von KNO_2 dient der Oxidation von Sb^{3+}, die Zugabe der Amidoschwefelsäure dem Entfernen des überschüssigen NO_2^-.

$$Y^+ + [SbCl_6]^- \longrightarrow Y[SbCl_6] \qquad \{113\}$$

$Y^+ =$ [Strukturformel: N, O, $N^\oplus$, COOH]

Bemerkungen Es stören Tl^{3+}, Bi^{3+}, Hg^{2+}, Au^{3+}, MO_4^{2-}, WO_4^{2-}, Vanadate und größere Mengen Fe^{3+} (gelbe Farbe). Bei zu geringer Salzsäurekonzentration entsteht nicht reagierendes $[SbCl_5(OH)]^-$. Die Reaktion wird von Tl^{3+} gestört, weil es als $[TlCl_4]^-$-Komplex ausfällt. CrO_4^{2-} kann durch Ascorbinsäure reduziert werden und Au^{3+} kann durch Hydroxylammoniumchlorid reduziert werden, um eine Störung zu vermeiden. Das Komplexsalz kann mit Benzen extrahiert werden.

> **Tipp!** Alternativ kann Methylviolett zugegeben werden. Dabei bildet sich ein blauvioletter Niederschlag.

Nachweis von Zinn(II)-(Sn^{2+}) und Zinn(IV)-Ionen (Sn^{4+})
Aus dem Trennungsgang wird Sn^{4+} (in Form von $[SnCl_6]^{2-}$) erhalten. Mit Eisen (z. B. einem Eisennagel) kann das Sn^{4+} in neutraler bis schwach saurer Lösung zu Sn^{2+} reduziert werden. Zink reduziert unter Umständen bis zum Metall.

$$Sn^{4+} + Fe \longrightarrow Sn^{2+} + Fe^{2+} \qquad \{114\}$$

$$Sn^{4+} + 2\,Zn \longrightarrow Sn\downarrow + 2\,Zn^{2+} \qquad \{115\}$$

Als Molybdänblau (Sn^{2+})
Der Nachweis kann wie bei Antimon geführt werden. Hierbei muss allerdings darauf geachtet werden, dass die Molybdophosphorsäure sofort dazugegeben wird, weil sonst das Zinn(II) von der Salpetersäure zu Zinn(IV) oxidiert wird.

Mit Hg^{2+} (für Sn^{2+})

Durchführung Zu der salzsauren Probenlösung wird 1 Tropfen $HgCl_2$-Lösung getropft.

Beobachtung Es entsteht ein weißer bis schwarzer Niederschlag.

Auswertung Quecksilber wird reduziert, wobei zwischenzeitlich weißes Hg_2Cl_2 ausfällt. Bei ausreichender Sn^{2+}-Konzentration wird dieses weiter zu elementarem Hg reduziert.

$$2\,HgCl_2 + Sn^{2+} + 4\,Cl^- \longrightarrow \underset{\text{weiß}}{Hg_2Cl_2\downarrow} + [SnCl_6]^{2-} \qquad \{116\}$$

$$Hg_2Cl_2 + Sn^{2+} + 4\,Cl^- \longrightarrow \underset{\text{schwarz}}{2\,Hg\downarrow} + [SnCl_6]^{2-} \qquad \{117\}$$

Bemerkungen Andere Edelmetalle stören.

Nachweis von Quecksilber(II)-Ionen: Hg^{2+}
Mit KI

Durchführung Zur leicht sauren Analysenlösung werden erst 1 Tropfen KI-Lösung und anschließend KI-Lösung im Überschuss gegeben.

Beobachtung Zuerst fällt ein roter Niederschlag aus, der sich im Überschuss auflöst.

Auswertung Zuerst fällt rotes HgI_2 aus, welches im Überschuss von I^- unter Bildung von $[HgI_4]^{2-}$ löslich ist.

$$Hg^{2+} + 2\,I^- \longrightarrow \underset{\text{rot}}{HgI_2\downarrow} \qquad \{118\}$$

$$HgI_2 + 2\,I^- \longrightarrow \underset{\text{farblos}}{[HgI_4]^{2-}} \qquad \{119\}$$

Bemerkungen Auch Pb^{2+} und Bi^{3+} zeigen das gleiche Verhalten, allerdings sind die Produkte anders gefärbt.

Tipp! Das Tetraiodidomercurat kann mit Ag^+ gefällt werden. Das $Ag_2[HgI_4]$ ist thermochrom (kalt: gelb, warm: rot).

Durch Reduktionsmittel

In saurer Lösung können Reduktionsmittel Quecksilber-Ionen aller Oxidationsstufen zum Metall reduzieren. Ein Beispiel ist beim Zinn(II)-Nachweis zu finden.

Als Reineckat

Durchführung Zu der salzsauren, warmen Lösung wird eine frisch bereitete Lösung des Reinecke-Salzes gegeben.

Beobachtung Es fällt ein rosaroter Niederschlag aus.

Auswertung Es bildet sich rosarotes Quecksilber(II)-Reineckat.

$$Hg^{2+} + 2\,[Cr(NCS)_4(NH_3)_2]^- \longrightarrow \underset{\text{rosarot}}{Hg[Cr(NCS)_4(NH_3)_2]_2\downarrow} \qquad \{120\}$$

Bemerkungen Kationen von Au, Ag und Tl sowie Cu^+-Ionen stören. Pb^{2+}-Ionen können in der Kälte bei hoher Konzentration auch einen Niederschlag geben und sollten zuvor mit verd. H_2SO_4 abgetrennt werden.

Nachweis von Blei(II)-Ionen: Pb^{2+}
Die meisten Bleinachweise wurden bereits in der Salzsäuregruppe behandelt. In der Schwefelwasserstoffgruppe fällt Blei als $PbSO_4$ an. Dieses kann in ammoniakalischer Tartrat-Lösung aufgelöst und anschließend als Chromat ausgefällt werden.

Nachweis von Kupfer(II)-Ionen: Cu^{2+}

Mit $K_4[Fe(CN)_6]$

Durchführung Zu einer leicht sauren Analysenlösung wird 1 Tropfen $K_4[Fe(CN)_6]$-Lösung gegeben.

Beobachtung Es entsteht ein brauner Niederschlag.

Auswertung Es bildet sich $Cu_2[Fe(CN)_6]$, das sich in verd. NH_3-Lösung auflöst.

$$2\,Cu^{2+} + [Fe(CN)_6]^{4-} \longrightarrow Cu_2[Fe(CN)_6]\downarrow \qquad \{121\}$$

Bemerkungen Die Blutlaugensalze fallen mit vielen Kationen aus.

Als Reineckat

Durchführung Zu einer salzsauren Analysenlösung wird eine frisch bereitete Lösung des Reinecke-Salzes gegeben. Es wird zentrifugiert und zu der überstehenden Lösung salzsaure Na_2SO_3-Lösung gegeben.

Beobachtung Es fällt nach der SO_3^{2-}-Zugabe ein gelber Niederschlag aus.

Auswertung Cu^{2+} bildet mit dem Reinecke-Salz kein schwer lösliches Salz. Somit können allerdings störendes Hg^{2+} und Tl-Verbindungen abgetrennt werden. Erst durch die Reduktion zu Cu^+ bildet sich ein schwer lösliches Kupfer(I)-Reineckat.

$$2\,Cu^{2+} + H_2O + SO_3^{2-} \longrightarrow 2\,Cu^+ + SO_4^{2-} + 2\,H^+ \qquad \{122\}$$

$$Cu^+ + [Cr(NCS)_4(NH_3)_2]^- \longrightarrow Cu[Cr(NCS)_4(NH_3)_2]\downarrow \qquad \{123\}$$

Bemerkungen Sind keine störenden Ionen vorhanden, so muss vor der SO_3^{2-}-Zugabe nicht zentrifugiert werden.

> **Tipp!** Dieser Nachweis kann direkt im Anschluss an den Hg^{2+}-Nachweis als Reineckat erfolgen (wenn Hg^{2+} nicht vollständig nach dem Trennungsgang abgetrennt wurde).

Mit $(NH_4)_2[Hg(SCN)_4]$ (Kristallbilder siehe Anhang D)

Durchführung Auf der Tüpfelplatte wird sehr verdünnte, neutrale Analysenlösung mit 1 Tropfen $ZnSO_4$-Lösung vermischt. Dazu wird 1 Tropfen verd. H_2SO_4- und 1 Tropfen $(NH_4)_2[Hg(SCN)_4]$-Lösung gegeben.

Beobachtung Es entsteht ein rosa bis schwarzvioletter Niederschlag.

Auswertung Es bilden sich violette Mischkristalle von $(Zn,Cu)[Hg(SCN)_4]$.

$$Zn^{2+} + Cu^{2+} + 2\,[Hg(SCN)_4]^{2-} \longrightarrow Zn[Hg(SCN)_4]\downarrow + Cu[Hg(SCN)_4]\downarrow \qquad \{124\}$$

Bemerkungen Bei zu geringer Zn^{2+}-Konzentration fällt ein gelblich- bis olivgrüner Niederschlag aus. Nur Bi^{3+} stört in großen Konzentrationen.

Nachweis von Cadmium(II)-Ionen: Cd^{2+}

Kupfer stört häufig die Cadmiumnachweise und muss abgetrennt oder maskiert werden!

als CdS

Durchführung In eine leicht mineralsaure Lösung wird H_2S eingeleitet.

Beobachtung Es fällt ein postgelber Niederschlag aus.

Auswertung Es bildet sich CdS, das früher als Pigment verwendet wurde.

$$Cd^{2+} + H_2S \longrightarrow \underset{\text{postgelb}}{CdS\downarrow} + 2\,H^+ \qquad \{125\}$$

Tipp!

Störende Kupfer-Ionen können in ammoniakalischer (dunkelblauer) Lösung durch Zugabe von KCN-Lösung (sehr giftig, nicht in saurer Lösung verwenden!) bis zur Entfärbung maskiert werden. Beim Einleiten von H_2S in eine CN^--haltige Lösung wird die Lösung gelb. Erst das Ausfallen des CdS-Niederschlags, aufgrund der geringeren Stabilität des $[Cd(CN)_6]^{4-}$-Komplexes gegenüber der geringen Löslichkeit des CdS und der hohen Stabilität des $[Cu(CN)_4]^{3-}$-Komplexes, ist der eigentliche Nachweis!

$$Cu^{2+} + 4\,NH_3 \longrightarrow \underset{\text{blau}}{[Cu(NH_3)_4]^{2+}} \qquad \{126\}$$

$$Cd^{2+} + 6\,NH_3 \longrightarrow [Cd(NH_3)_6]^{2+} \qquad \{127\}$$

$$2\,[Cu(NH_3)_4]^{2+} + 10\,CN^- \longrightarrow \underset{\text{farblos}}{2\,[Cu(CN)_4]^{3-}} + 8\,NH_3 + (CN)_2 \qquad \{128\}$$

$$(CN)_2 + 2\,OH^- \longrightarrow CN^- + OCN^- + H_2O \qquad \{129\}$$

$$[Cd(NH_3)_6]^{2+} + 6\,CN^- \longrightarrow [Cd(CN)_6]^{4-} + 6\,NH_3 \qquad \{130\}$$

$$[Cd(CN)_6]^{4-} + S^{2-} \longrightarrow \underset{\text{postgelb}}{CdS\downarrow} + 6\,CN^- \qquad \{131\}$$

Als Thioharnstoff-Reineckat (Kristallbilder siehe Anhang D)

Durchführung Es werden zunächst störende Elemente, wie $Cu^{2+/+}$ mit Reinecke-Salz ausgefällt. Anschließend wird die Lösung auf dem Objektträger eingedampft, in halbkonz. HCl aufgenommen und frisch bereitete Lösung des Reinecke-Salzes sowie einige Körnchen Thioharnstoff zugegeben. Die Kristalle werden unter dem Mikroskop betrachtet.

Beobachtung Es entstehen farblose Kristalle.

Auswertung

$$Cd^{2+} + 2\,SC(NH_2)_2 + 2\,[Cr(NCS)_4(NH_3)_2]^- \longrightarrow [Cd(SC(NH_2)_2)_2][Cr(NCS)_4(NH_3)_2]_2\downarrow \qquad \{132\}$$

Bemerkungen Pb^{2+} gibt ebenfalls Niederschläge, allerdings mit anderer Kristallform. Bi^{3+} färbt die Lösung gelb.

Nachweis von Bismut(III)-Ionen: Bi^{3+}

Mit Reduktionsmitteln

Durchführung Auf der Tüpfelplatte (Porzellan oder Glas auf weißem Untergrund) werden zur leicht salpetersauren Probenlösung 1 Tropfen $Pb(H_3CCOO)_2$-Lösung und 3 Tropfen verd. NaOH gegeben. Anschließend wird 1 Tropfen $SnCl_2$-Lösung zugegeben.

Beobachtung Bei Zugabe der Sn^{2+}-Lösung fällt sofort ein schwarzer Niederschlag aus.

Auswertung Zunächst bildet sich elementares Bismut, das die Reduktion der Blei(II)-Ionen durch $[Sn(OH)_4]^{2-}$ katalysiert.

$$2\,Bi(OH)_3 + 3\,[Sn(OH)_4]^{2-} \longrightarrow \underset{\text{schwarz}}{2\,Bi\downarrow} + 3\,[Sn(OH)_6]^{2-} \qquad \{133\}$$

$$Pb(OH)_2 + [Sn(OH)_4]^{2-} \xrightarrow{Bi} \underset{\text{schwarz}}{Pb\downarrow} + [Sn(OH)_6]^{2-} \qquad \{134\}$$

Bemerkungen Alle Edelmetalle stören den Nachweis.

> **Tipp!** Der Nachweis kann auch ohne Zugabe von Pb^{2+} erfolgen. Die Zugabe ist nur bei sehr geringen Bismutmengen nötig. Vermutlich katalysieren niedere Bismutoxide die Redoxreaktion mit Pb^{2+}, die sonst nur sehr langsam stattfindet. Eine Blindprobe muss bei Pb^{2+}-Zusatz auf jeden Fall erfolgen!

Mit KI

Durchführung Zu der leicht sauren Analysenlösung werden erst 1 Tropfen KI-Lösung und anschließend KI-Lösung im Überschuss gegeben.

Beobachtung Es bildet sich ein schwarzer Niederschlag, der sich im Überschuss von KI-Lösung zu einer orangeroten Lösung auflöst.

Auswertung

$$Bi^{3+} + 3\,I^- \longrightarrow \underset{\text{schwarz}}{BiI_3\downarrow} \qquad \{135\}$$

$$BiI_3 + I^- \longrightarrow \underset{\text{orangerot}}{[BiI_4]^-} \qquad \{136\}$$

Bemerkungen Pb^{2+}, Ag^{+}, Hg^{2+}, Hg_2^{2+} und $Cu^{+/2+}$ bilden ebenfalls mit I^- Niederschläge, die allerdings anders gefärbt sind. PbI_2 und HgI_2 lösen sich ebenfalls im Überschuss von KI-Lösung auf.

Bei sehr geringen Bi^{3+}-Mengen kann ein Tropfen KI-Lösung schon zur Komplexbildung führen und es wird kein schwarzer Niederschlag sichtbar.

Mit Diacetyldioxim (DADO)

Durchführung Zur leicht sauren Analysenlösung wird 1 Tropfen ethanolische DADO-Lösung gegeben. Anschließend wird verd. NH_3-Lösung bis zur basischen Reaktion zugegeben und leicht erwärmt.

Beobachtung Es fällt ein gelber, voluminöser Niederschlag aus.

Auswertung Es bildet sich ein Komplex, dessen Struktur nicht genau bekannt ist. Die oft in der Literatur verwendete Strukturformel mit Bi-O-Doppelbindung ist unwahrscheinlich.

Alle mit DADO schwer lösliche Komplexe bildenden Metallionen oder andere chelatisierende Komplexbildner stören, insbesondere alle Kationen von: As, Sb, Sn, Ni, Co, Mn, Cu und Cd in größeren Mengen, sowie Fe^{2+} und Tartrate.

Mit Thioharnstoff

Durchführung Auf der Tüpfelplatte wird zu salpetersaurer Analysenlösung etwas fester Thioharnstoff gegeben.

Beobachtung Es bildet sich eine intensiv gelbe Farbe aus.

Auswertung Es bildet sich ein löslicher Bi-Thioharnstoff-Komplex, bei dem die Schwefelatome an das Bismutzentrum binden.

$$Bi^{3+} + 3\,SC(NH_2)_2 \longrightarrow [Bi(SC(NH_2)_2)_3]^{3+} \qquad \{137\}$$

Bemerkungen SeO_3^{2-}, Pt^{4+}, Os^{4+}, Fe^{3+}, CrO_4^{2-}, MnO_4^-, UO_2^{2+}, Sb^{3+}, Sn^{2+}, Hg_2^{2+}, Ag^+ und Au^{3+} stören. Pb^{2+} kristallisiert als $[Pb(SC(NH_2)_2)_6](NO_3)_2$ in farblosen, stark lichtbrechenden Kristallen aus.

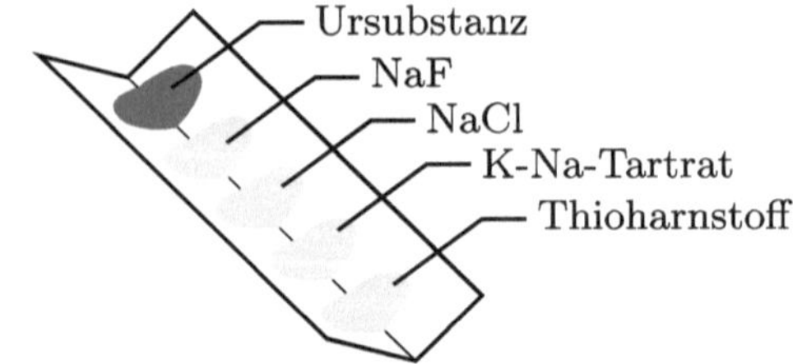

Abb. 5.6 Schematische Abbildung des Versuchs „*Bismut-Rutsche*". Auf die Ursubstanz wird im Versuch vorsichtig verd. Salpetersäure gegeben

Tipp!

Der Nachweis kann leicht ausgebaut werden, um ihn mit der Ursubstanz durchführen zu können:
Die Bismut-Rutsche, dazu wird auf ein in der Mitte geknicktes Filterpapier etwas Ursubstanz gegeben. Daneben in folgender Reihenfolge die Substanzen: NaF (komplexiert Al^{3+} und Fe^{3+}), NaCl (fällt, Ag^{+}, Pb^{2+} und Hg_2^{2+}) und K-Na-Tartrat (komplexiert Sb^{3+} und Sn^{2+}) und Thioharnstoff als Nachweisreagenz. Anschließend wird die Analysensubstanz mit verd. HNO_3 über das Filterpapier gespült. Eine intensive Gelbfärbung an der Stelle mit Thioharnstoff zeigt Bismut(III)-Ionen an. Elementares Bismut kann so nicht nachgewiesen werden. In diesem Fall wird statt der verd. HNO_3 die leicht salpetersaure Probenlösung auf das Filterpapier gegeben und herunterlaufen gelassen. Eine schematische Zeichnung zu diesem Versuch ist in Abb. 5.6 zu sehen.

5.3.3 Ammoniakgruppe

Die Ammoniakgruppe besteht aus den Ionen, deren Sulfide im Wasser zu Hydroxiden hydrolysieren (Al^{3+} und Cr^{3+}) und Eisen(III)-Ionen, die mit Sulfid-Ionen im basischen Milieu eine Redoxreaktion eingehen. Vor der Gruppenfällung müssen Schwefelwasserstoffreste entfernt werden. Dazu wird die Lösung mit konz. HCl versetzt und in der Abdampfschale erhitzt. Außerdem müssen möglicherweise vorhandene Eisen(II)-Ionen zu Eisen(III)-Ionen oxidiert werden. Das geschieht am einfachsten mit Wasserstoffperoxid (oder Bromwasser) im sauren Milieu. Die Vorgänge können hintereinander in der gleichen Abdampfschale erfolgen. Das Oxidationsmittel muss vollständig entfernt werden, weil sonst eine Reaktion von Mangan(II)-Ionen im ammoniakalischen zu Braunstein zu erwarten ist. Eine unvollständige Oxidation führt hingegen dazu, dass Eisen(II)-Ionen in der folgenden Ammoniumsulfidgruppe stören. Die Fällung sollte in der Wärme stattfinden, damit die Eisen(III)-Ionen möglichst quantitativ abgetrennt werden können und die Entstehung einer kolloidalen Lösung vermieden wird. Die Zugabe von Ammoniak-Lösung (im großen Überschuss) sollte zügig und bei guter Durchmischung erfolgen, damit eventuell vorhandenes Mn^{2+} komplexiert wird, noch bevor es zum Teil als $Mn(OH)_2$ ausfallen und mit Luftsauerstoff zu schwer löslichem Braunstein reagieren kann.

Sollten Phosphat-Ionen in der Lösung vorhanden sein, so werden die Kationen der Ammoniakgruppe als Phosphate ausfallen, das stört die Nachweise allerdings kaum. Eine Abtrennung ist mittels Ionenaustauscher oder Fällung mit Zirkoniumoxidchlorid möglich.

Der schematische Trennungsgang dieser Gruppe ist in Abb. 5.7 zu finden.

Tipp!

Die Vollständigkeit der Fällung kann mit dem pH-Wert überprüft werden. Durch das Ausfällen der Hydroxide stellt sich während der Fällung ein pH-Wert unter 9 ein, weil das Gleichgewicht des Ammoniak-Ammonium-Puffers stark auf die Seite des sauren Ammoniums verschoben wird. Bei vollständiger Fällung stellt sich das Puffersystem auf einen pH-Wert größer als 9 ein.

Nachweis von Eisen(III)- (Fe^{3+}) und Eisen(II)-Ionen (Fe^{2+})

Im Trennungsgang fällt Eisen als $Fe(OH)_3$ aus, das in Säuren leicht löslich ist.

Als Berliner Blau

Die Nachweise beider Eisen-Ionen als Berliner Blau sind bereits bei den Nachweisen der Hexacyanidoferrate beschrieben. Nachweisreagenzien sind Lösungen der Blutlaugensalze in neutralem oder leicht basischem Milieu.

Mit SCN^- (für Fe^{3+})

Der Nachweis ist bereits als Thiocyanatnachweis beschrieben. Nachweisreagenz ist KSCN-Lösung.

Mit 5-Sulfosalicylsäure

Durchführung Auf der Tüpfelplatte wird die schwach saure Analysenlösung mit 1 Tropfen Natrium-Sulfosalicylat-Lösung versetzt.

Beobachtung Es tritt eine Rotfärbung auf.

Auswertung Je nach pH-Wert bildet sich ein Chelatkomplex unterschiedlicher Farbe:

pH	Komplex	Farbe
0,5 – 2	$[Fe(HSal)]^+$	Rotviolett
4 – 8	$[Fe(HSal)_2]^-$	Rotbraun
8 – 9,5	$[Fe(HSal)_3]^{3-}$	Gelb

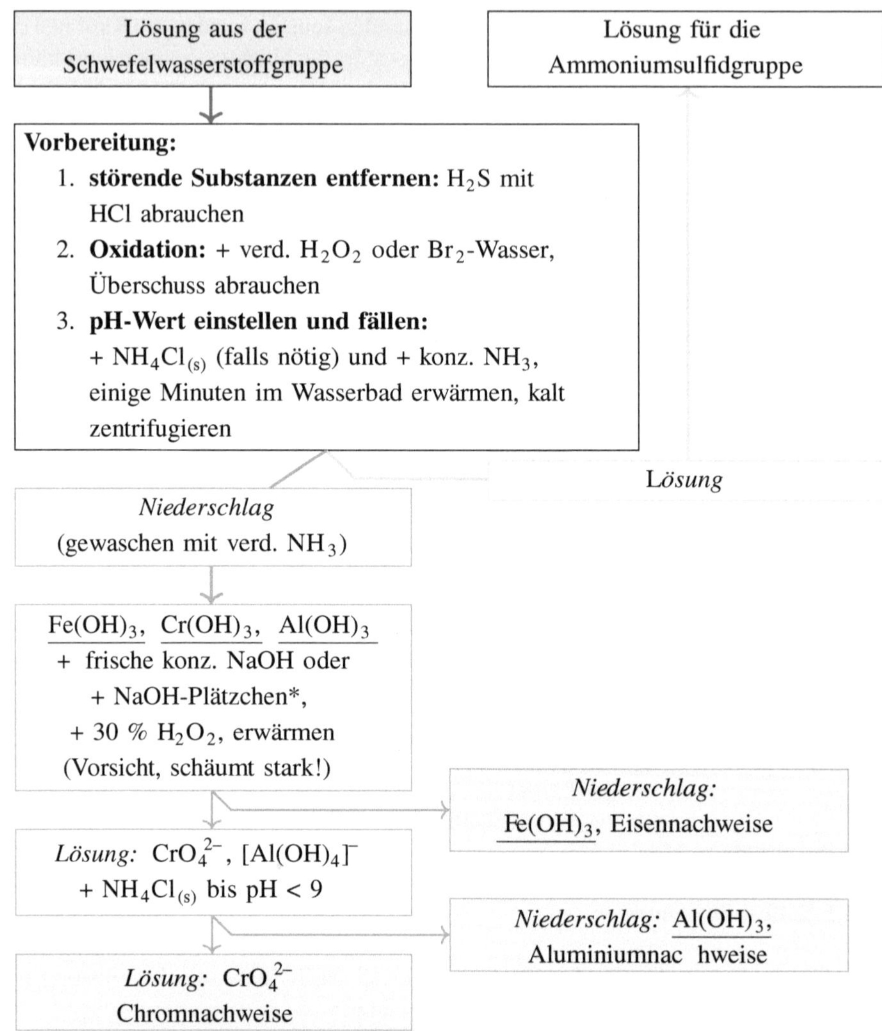

* Wichtig: Die NaOH-Lösung darf kein Silicat enthalten. Sie muss frisch bereitet werden oder ausschließlich in einer Plastflasche gelagert worden sein.

Abb. 5.7 Trennungsgang der Ammoniakgruppe

Bemerkungen Fe^{2+} reagiert nur im Ammoniakalischen zu einem gelben Komplex. Besser ist es, mit H_2O_2 zu Fe^{3+} zu oxidieren, um eine intensivere Färbung zu sehen. Kationen von Ti, Bi, Sb, Rh, Pd, Ir, Mo, Nb, Cr, Ce, Th und Co verringern die Empfindlichkeit, stören den Nachweis jedoch nicht. F^-, PO_4^{3-} und aliphatische Carbonsäuren maskieren Fe^{3+}.

Nachweis von Aluminium(III)-Ionen: Al^{3+}

Im Trennungsgang fallen Aluminium(III)-Ionen als $Al(OH)_3$ an, welches je nach gewünschtem Nachweis in Säuren oder Natronlauge gelöst oder nach dem Waschen als Feststoff verwendet werden kann.

Mit Alizarin S

Durchführung Eine stark alkalische Analysenlösung wird mit 1 Tropfen Alizarin-S-Lösung versetzt. Anschließend wird die Lösung langsam mit Essigsäure bis zum Umschlagspunkt des Alizarin S neutralisiert und immer wieder erwärmt.

Beobachtung Es fällt ein roter Niederschlag aus.

Auswertung Es bildet sich ein Farblack, der in verd. HCl, aber nicht in verd. Essigsäure löslich ist.

$Al(OH)_3$ + O, OH, OH, SO_3^-, O $\xrightarrow{+ H_2O}$ H_2O, OH_2, HO - Al - OH, O, O, OH, SO_3^-, O {138}

nach weiterer Hydrolyse
roter Farblack

Bemerkungen Dreiwertige Kationen von Fe, Cr, Ti, Ga und In bilden Farblacke mit ähnlicher Stabilität. Die Erdalkalimetalle bilden Niederschläge, die nicht in Essigsäure beständig sind. Der Zr-Farblack ist in verd. HCl beständig.

Es muss eine Negativprobe durchgeführt werden. Fällt auch hierbei ein Niederschlag aus, so enthielt die verwendete NaOH-Lösung Silicat!

Kryolith-Probe

Durchführung Mehrfach gewaschener, vermeintlicher $Al(OH)_3$-Niederschlag wird mit Wasser suspendiert und mit etwas Phenolphthalein-Lösung versetzt. Das Phenolphthalein sollte sich nicht oder nur sehr schwach violett färben. Dazu wird 1 Tropfen NaF-Lösung gegeben.

Beobachtung Die Lösung färbt sich stark violett.

Auswertung Es bildet sich Hexafluoridoaluminat(III)-Ionen, wodurch OH^--Ionen freigesetzt werden und der Farbindikator umschlägt.

$$Al(OH)_3 + 6\,F^- \longrightarrow [AlF_6]^{3-} + 3\,OH^- \qquad \{139\}$$

Bemerkungen Fe^{3+} und Ti^{4+} reagieren genauso.

Als fluoreszierender Morin-Farblack

Durchführung Die neutrale oder leicht saure Probenlösung wird auf der Tüpfelplatte mit KOH-Lösung versetzt. Dazu wird 1 Tropfen Morin-Lösung gegeben und mit konz. Essigsäure angesäuert. Die Lösung wird unter UV-Licht betrachtet. Anschließend wird konz. HCl-Lösung zugegeben und erneut unter UV-Licht betrachtet.

Beobachtung Ohne HCl ist eine grüne Fluoreszenz sichtbar, mit HCl ist sie deutlich schwächer.

Auswertung In essigsaurer Lösung bilden Al^{3+}-Ionen mit Morin einen fluoreszierenden Komplex, der nur im essigsauren Milieu beständig ist.

$$Al^{3+} + 3\,HY \longrightarrow AlY_3 + 3\,H^+ \qquad \{140\}$$

HY=

Bemerkungen Morin-Lösung fluoresziert auch ohne Al^{3+}, allerdings schwächer. Ähnliche Fluoreszenz zeigt Morin mit Na^+ (keine NaOH-Lösung verwenden! Ebenfalls recht intensive Fluoreszenz.), In^{3+}, Ga^{3+}, Sc^{3+}, Zr^{4+}, Be^{2+}, Zn^{2+} und $Sb^{3+/5+}$. Fe^{3+} löscht die Fluoreszenz aus.

> **Tipp!** Um die Natrium-Ionen zu entfernen, kann es sinnvoll sein, $Al(OH)_3$ mit NH_3/NH_4^+ zu fällen und anschließend mit verd. NH_3 zu waschen.

Als Thénards Blau

Der gefällte und gewaschene $Al(OH)_3$-Niederschlag kann auch wie in der Vorprobe (Abschn. 5.1.3) mit $Co(NO_3)_2$-Lösung auf der Magnesiarinne zu Thénards Blau umgesetzt werden. Diese Probe ist erst nach der Abtrennung aller anderen Bestandteile ein zuverlässiger Nachweis.

Nachweis von Chromat-Ionen: CrO_4^{2-}
Im Trennungsgang fällt Chrom als Chromat an. Dabei ändert sich je nach pH-Wert aufgrund des Chromat-Dichromat-Gleichgewichts die Farbe:

$$\underset{\text{gelb}}{2\,CrO_4^{2-}} + 2\,H^+ \rightleftharpoons \underset{\text{orange}}{Cr_2O_7^{2-}} + H_2O \qquad \{141\}$$

Vorhandenes Cr^{3+} kann im stark alkalischen Milieu durch konz. Wasserstoffperoxid-Lösung zu Chromat oxidiert werden:

$$2\,Cr^{3+} + 3\,H_2O_2 + 10\,OH^- \longrightarrow \underset{\text{gelb}}{2\,CrO_4^{2-}} + 8\,H_2O \qquad \{142\}$$

Mit Ag^+

Durchführung Zur leicht salpetersauren Probenlösung wird 1 Tropfen $AgNO_3$-Lösung gegeben und mit verd. NH_3-Lösung bis zur ganz schwach sauren Reaktion abgestumpft.

Beobachtung Es fällt ein blutroter Niederschlag aus.

Auswertung Es kristallisiert Ag_2CrO_4, dessen Kristalle unter dem Mikroskop betrachtet werden können.

$$2\,Ag^+ + CrO_4^{2-} \longrightarrow \underset{\text{blutrot}}{Ag_2CrO_4\downarrow} \qquad \{143\}$$

Bemerkungen Alkali- und Erdalkali-Ionen stören im Überschuss.

Als Chromperoxid

Durchführung In einem Reagenzglas wird etwas verd. H_2SO_4 mit 1 Tropfen verd. Wasserstoffperoxid-Lösung versetzt und mit einigen Tropfen Diethylether überschichtet. Dazu wird die leicht saure Analysenlösung gegeben und vorsichtig geschüttelt.

Beobachtung Die Etherphase (oben) wird blau. Die Blaufärbung verschwindet nach einiger Zeit wieder.

Auswertung Es bildet sich Chromperoxid, das mit der Zeit unter Sauerstoffabgabe zerfällt. Die Verbindung wird durch den Ether stabilisiert.

$$\underset{\text{orange}}{Cr_2O_7^{2-}} + 4\,H_2O_2 + 2\,H^+ \longrightarrow \underset{\text{blau}}{2\,CrO_5} + 5\,H_2O \qquad \{144\}$$

$$4\,CrO_5 + 12\,H^+ \longrightarrow 4\,Cr^{3+} + 6\,H_2O + 7\,O_2\uparrow \qquad \{145\}$$

Bemerkungen Die Reaktion ist spezifisch für Chromat. Ohne die Stabilisierung durch den Ether ist die blaue Farbe nur kurz beständig.

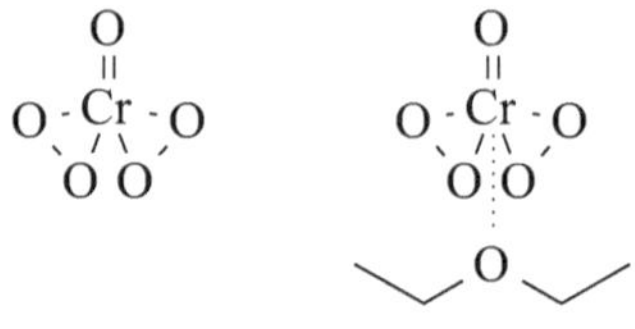

unstabilisiert stabilisiert

5.3.4 Ammoniumsulfidgruppe

In der Ammoniumsulfidgruppe enthalten sind Ionen, die Amminkomplexe und säurelösliche Sulfide bilden. Das sind: Zn^{2+}, Mn^{2+}, Co^{2+} und Ni^{2+}. Die Fällung sollte mit frisch hergestellter Ammoniumsulfid-Lösung (Einleiten von Schwefelwasserstoff in konz. Ammoniak) erfolgen, um ein kolloidales Ausfällen von Cobalt(II)-sulfid und Nickel(II)-sulfid zu vermeiden. Die Sulfide von Zink und Mangan sind bereits in warmer verd. HCl löslich, die von Cobalt und Nickel hingegen erst in konzentrierter, warmer HCl. Nach dem Auflösen der Sulfidniederschläge sollte das entstehende H_2S durch Abrauchen mit HCl entfernt werden.

Der Trennungsgang dieser Gruppe ist in Abb. 5.8 als Arbeitsschema zu finden.

Nachweis von Zink(II)-Ionen: Zn^{2+}

Aus dem Trennungsgang wird Zink als Tetrahydroxidozinkat gewonnen. Die Nachweise müssen allerdings im leicht sauren stattfinden. Es muss zwingend neutralisiert und die Lösung anschließend eingeengt werden!

Mit $K_4[Fe(CN)_6]$

Durchführung Die neutrale Analysenlösung wird mit $K_4[Fe(CN)_6]$-Lösung versetzt und kurz erwärmt.

Beobachtung Es bildet sich langsam ein schmutzig-gelber Niederschlag.

Auswertung Es fällt $K_2Zn_3[Fe(CN)_6]_2$ aus.

$$2\,K^+ + 2\,[Fe(CN)_6]^{4-} + 3\,Zn^{2+} \longrightarrow K_2Zn_3[Fe(CN)_6]_2\downarrow \qquad \{146\}$$

Bemerkungen Zweiwertige Kationen, vor allem Mn^{2+} und Cd^{2+}, müssen zuvor entfernt werden.

Lösung aus der Ammoniakgruppe

Lösung für die Ammoniumcarbonatgruppe

Vorbereitung:

1. **pH-Wert einstellen:** sollte noch ammoniakalisch sein, sonst + konz. NH_3
2. **fällen**: für mindestens eine Minute langsam H_2S einleiten oder eine frisch bereitete Ammoniumsulfid-Lösung zugeben, kalt zentrifugieren

Lösung

Niederschlag
(gewaschen mit verd. NH_3)

MnS, ZnS, CoS, NiS
+ verd. HCl
zentrifugieren

Niederschlag: CoS, NiS
+ konz HCl,
(+ verd. H_2O_2 oder ClO_3^-)
erwärmen
H_2S mit HCl abrauchen

Lösung: Co^{2+},
Cobaltnachweise

Lösung: Ni^{2+}
Nickelnachweise

Lösung: Zn^{2+}, Mn^{2+}
+ konz. NaOH, + 30 % H_2O_2

Niederschlag: MnO_2,
Mangannachweise

Lösung: $[Zn(OH)_4]^{2-}$
Zinknachweise

Abb. 5.8 Trennungsgang der Ammoniumsulfidgruppe

Mit $K_3[Fe(CN)_6]$

Durchführung Die neutrale Analysenlösung wird mit $K_3[Fe(CN)_6]$-Lösung versetzt und kurz erwärmt.

Beobachtung Es fällt ein braungelber Niederschlag aus.

Auswertung Es fällt $Zn_3[Fe(CN)_6]_2$ aus.

$$3\,Zn^{2+} + 2\,[Fe(CN)_6]^{3-} \longrightarrow Zn_3[Fe(CN)_6]_2\downarrow \qquad \{147\}$$

Bemerkungen Der Niederschlag ist in verd. Säuren schwer löslich. Es stören zweiwertige Kationen, die mit $[Fe(CN)_6]^{3-}$ ebenfalls ausfallen.

Mit $(NH_4)_2[Hg(SCN)_4]$ (Kristallbilder siehe Anhang D)

Durchführung Auf dem Objektträger oder der Tüpfelplatte wird eine leicht saure Analysenlösung mit 1 Tropfen $(NH_4)_2[Hg(SCN)_4]$-Lösung vereinigt.

Beobachtung Es fällt ein weißer Niederschlag aus.

Auswertung

$$Zn^{2+} + [Hg(SCN)_4]^{2-} \longrightarrow Zn[Hg(SCN)_4]\downarrow \qquad \{148\}$$

Bemerkungen Im stark basischen oder stark sauren pH-Bereich kann dieser Nachweis nicht angewendet werden. Die Kristalle sollten unter dem Mikroskop betrachtet werden. Fe^{3+} stört durch Bildung von SCN^--Komplexen.

Tipp!

Bei Zugabe von geringen Mengen Co^{2+} oder Cu^{2+} bilden sich die Mischkristalle $(Co,Zn)[Hg(SCN)_4]$ (blau) bzw. $(Cu,Zn)[Hg(SCN)_4]$ (rosa bis schwarz).

Nachweis von Mangan(II)-Ionen: Mn^{2+}

Mangan fällt im Trennungsgang als Braunstein an. Dieser kann mit konz. HCl zu Mn^{2+} gelöst werden:

$$MnO_2 + 2\,Cl^- + 4\,H^+ \longrightarrow Cl_2\uparrow + Mn^{2+} + 2\,H_2O \qquad \{149\}$$

Durch Oxidation zu Permanganat

Durchführung In ca. 1 ml halbkonz. HNO_3 werden 2 Halbmikrospatel KIO_4 suspendiert sowie wenige Tropfen Analysenlösung zugegeben und die Lösung 1 Minute bis fast zum Sieden erhitzt.

Beobachtung Es bildet sich eine violette Lösung.

Auswertung Mn^{2+} wird bis zu dem intensiv gefärbten MnO_4^- oxidiert.

$$2\,Mn^{2+} + 5\,IO_4^- + 3\,H_2O \longrightarrow 2\,MnO_4^- + 5\,IO_3^- + 6\,H^+ \qquad \{150\}$$

Bemerkungen Alle Ionen, die durch Permanganat oxidiert werden, stören, z. B. Cl^-, Br^- und I^-. Die Störung kann durch einen Überschuss von Oxidationsmittel ausgeglichen werden. Alternative Oxidationsmittel (statt KIO_4) sind PbO_2 und $NaBiO_3$, welche in stark salpetersaurer Lösung in der Wärme reagieren, und $S_2O_8^{2-}$ in schwefelsaurer Lösung unter Anwesenheit katalytischer Mengen Ag^+, sowie Hypobromit in alkalischer Lösung in Gegenwart von katalytischen Mengen Cu^{2+}.

Nachweis von Cobalt(II)-Ionen: Co^{2+}

Als $H_2[Co(SCN)_4]$

Durchführung Zur salzsauren Probenlösung werden 2 Halbmikrospatel festes NH_4SCN gegeben und die Lösung mit Ether/Pentanol (1:1) ausgeschüttelt.

Beobachtung Es bildet sich (oben) in beiden Phasen eine violette bis blaue Färbung, wobei die organische Phase deutlich stärker gefärbt ist.

Auswertung

$$Co^{2+} + 2\,SCN^- \longrightarrow Co(SCN)_2 \qquad \{151\}$$

$$Co^{2+} + 4\,SCN^- + 2\,H^+ \longrightarrow \underset{\text{blau}}{H_2[Co(SCN)_4]} \qquad \{152\}$$

Bemerkungen Fe^{3+} stört, weil es mit Thiocyanat ebenfalls Komplexe bildet, deren intensive rote Farbe den Cobaltkomplex überdeckt. Diese Störung kann durch Zugabe von NaF beseitigt werden. Weitere Störungen sind: Kationen von Bi, Sb, Cu, Os, Pt, Mo, W und V, sowie Cr^{3+}, Ce^{4+}, UO_2^{2+}. Die Störung durch Cu^{2+} kann durch Reduktion mit SO_3^{2-} entfernt werden (CuSCN fällt aus).

Als $Co[Hg(SCN)_4]$ (Kristallbilder siehe Anhang D)

Durchführung Auf einem Objektträger wird etwas Analysenlösung eingeengt und mit 1 Tropfen $[Hg(SCN)_4]^{2-}$ versetzt.

Beobachtung Es fällt ein blauer Niederschlag aus.

Auswertung Es fällt blaues Cobalt(II)-tetrathiocyanatomercurat(II) aus.

$$Co^{2+} + [Hg(SCN)_4]^{2-} \longrightarrow \underset{\text{blau}}{Co[Hg(SCN)_4]\downarrow} \qquad \{153\}$$

Bemerkungen Die Kristalle können unter dem Mikroskop betrachtet werden.

> **Tipp!** Mit Zn^{2+} fällt ein hellblauer Niederschlag des Mischkristalls $(Co,Zn)[Hg(SCN)_4]$ aus.

Nachweis von Nickel(II)-Ionen: Ni^{2+}

Mit DADO

Durchführung Auf der Tüpfelplatte werden zu der neutralen Probenlösung 1 Tropfen DADO-Lösung und 2 Tropfen verd. NH_3-Lösung gegeben.

Beobachtung Es bildet sich ein himbeerroter Niederschlag.

Auswertung

$$Ni^{2+} + 2\,HO{-}N{=}C(CH_3){-}C(CH_3){=}N{-}OH \xrightarrow[-\,2\,H_2O]{+\,2\,OH^-} \underset{\text{himbeeroter Niederschlag}}{[Ni(C_4H_7N_2O_2)_2]} \qquad \{154\}$$

himbeerroter Niederschlag

Bemerkungen Pd^{2+}, $Fe^{2+/3+}$ und Co^{2+} fallen aus. Cu^{2+} färbt die Lösung im Ammoniakalischen blau. Au^{3+} wird zum Metall reduziert.

5.3.5 Ammoniumcarbonatgruppe

In der Ammoniumcarbonatgruppe werden die Erdalkali-Ionen außer Magnesium gefällt. Dabei ist ein Ammoniak-Ammonium-Puffersystem von ausreichender Kapazität nötig. Zu hohe Ammoniumkonzentration verhindert die quantitative Fällung der Erdalkali-Ionen, wohingegen eine zu geringe Ammoniumkonzentration eine Fällung von Magnesium(II)-Ionen zur Folge hat. Dazu wird die Lösung aus der Ammoniumsulfidgruppe zunächst bis zur Trockne eingedampft und die Ammonium-Ionen durch weiteres leichtes Erhitzen ausgetrieben. Der Rückstand wird anschließend in 3 Tropfen konz. HCl aufgenommen und bis zur schwach basischen Reaktion mit konz. Ammoniak-Lösung versetzt.

Der Trennungsgang der Ammoniumcarbonatgruppe ist in Abb. 5.9 zu finden.

Tipp!

Bei dieser Gruppe muss unbedingt mit konzentrierten Lösungen gearbeitet werden. Daher kann es sinnvoll sein, alle vorherigen Gruppen zu überspringen, um die Verdünnung durch die einzelne Abtrennung der vorangegangenen Gruppen zu umgehen. Dazu wird wie folgt vorgegangen: In eine salzsaure Analysenlösung (pH = 0,5) wird H_2S eingeleitet und die neben den Niederschlägen anfallende Lösung damit gesättigt. Nach dem Zentrifugieren und Waschen wird zur Lösung so viel konz. Ammoniak zugegeben, bis die Lösung basisch reagiert. Dann wird erneut H_2S eingeleitet. Damit sind alle Gruppen vor der Ammoniumcarbonatgruppe ausgefällt.

Nachweis von Calcium(II)-Ionen: Ca^{2+}

Als CaC_2O_4

Durchführung Zu leicht ammoniakalischer oder leicht essigsaurer Analysenlösung wird 1 Tropfen $(NH_4)_2C_2O_4$-Lösung gegeben.

Beobachtung Es fällt ein weißer Niederschlag aus.

Auswertung Es fällt Calciumoxalat aus.

$$Ca^{2+} + C_2O_4^{2-} \longrightarrow CaC_2O_4\downarrow \quad \{155\}$$

Ba^{2+} und Sr^{2+} fallen ebenfalls mit $C_2O_4^{2-}$ aus und müssen zuvor entfernt werden.

Als Gipsnadeln (Kristallbilder siehe Anhang D)

Durchführung Auf einem Objektträger wird 1 Tropfen salzsaure Analysenlösung mit 1 Tropfen verd. $(NH_4)_2SO_4$-Lösung vermischt und langsam eingeengt.

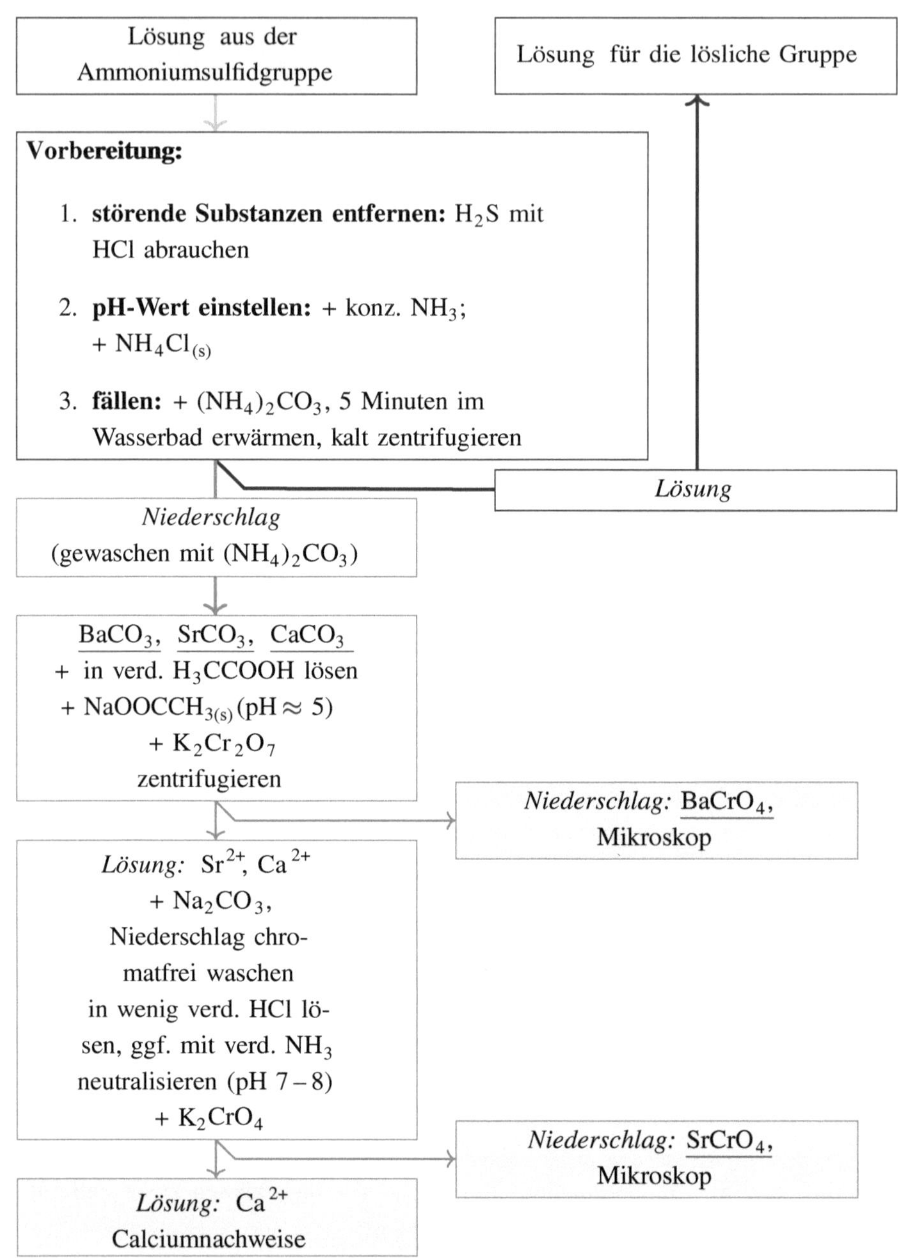

Abb. 5.9 Trennungsgang der Ammoniumcarbonatgruppe

Beobachtung Es bilden sich farblose, nadelförmige Kristalle aus.

Auswertung Es bildet sich Gips.

$$Ca^{2+} + SO_4^{2-} + 2\,H_2O \longrightarrow CaSO_4 \cdot 2\,H_2O\downarrow \qquad \{156\}$$

Bemerkungen Auch Ba^{2+} und Sr^{2+} bilden schwer lösliche Sulfate, allerdings mit anderer Kristallform. $Fe_2(SO_4)_3$ und $Cr_2(SO_4)_3$ bilden Mischkristalle mit $CaSO_4$ und verändern den Kristallhabitus. Kationen von Ce, La, Th und Se reagieren ähnlich.

Nachweis von Strontium(II)-Ionen: Sr^{2+}

Als $SrSO_4$

Durchführung Zu einer neutralen Analysenlösung wird 1 Tropfen kalt gesättigte $CaSO_4 \cdot 2\,H_2O$-Lösung gegeben.

Beobachtung Es fällt ein weißer Niederschlag aus.

Auswertung Es fällt $SrSO_4$ aus, welches schwerer löslich ist als Gips.

$$CaSO_4 \cdot 2\,H_2O \rightleftharpoons Ca^{2+} + SO_4^{2-} + 2\,H_2O \qquad \{157\}$$

$$Sr^{2+} + SO_4^{2-} \longrightarrow SrSO_4\downarrow \qquad \{158\}$$

> **!** $BaSO_4$ kann ebenfalls ausfallen, weil es noch schwerer löslich ist.

Als $SrCrO_4$ (Kristallbilder siehe Anhang D)

Durchführung 1 Tropfen ammoniakalische Analysenlösung wird auf einem Objektträger eingeengt und mit 1 Tropfen K_2CrO_4-Lösung vereinigt.

Beobachtung Es fällt ein gelber Niederschlag aus.

Auswertung Es fällt Strontiumchromat aus, dessen charakteristische Kristallform unter dem Mikroskop betrachtet werden kann. Es ist in konz. Säuren löslich.

$$Sr^{2+} + CrO_4^{2-} \longrightarrow SrCrO_4\downarrow \qquad \{159\}$$

$BaCrO_4$ fällt im ammoniakalischen Milieu ebenfalls aus, jedoch mit anderer Kristallform. $CaCrO_4$ fällt nur aus Lösungen sehr hoher Konzentration aus.

Mit Natriumrhodizonat

Durchführung Auf der Tüpfelplatte wird 1 Tropfen neutrale Analysenlösung mit 1 Tropfen frisch bereiteter Natriumrhodizonat-Lösung vereinigt.

Beobachtung Es fällt ein roter Niederschlag aus.

Auswertung Es fällt Strontiumrhodizonat aus, das sich in konz. HCl auflöst.

$$Sr^{2+} + [C_6O_6]^{2-} \longrightarrow Sr[C_6O_6]\downarrow \quad \{160\}$$

Tipp!

Sr-Rhodizonat kann, im Gegensatz zu Ba-Rhodizonat, auch aus $SrCrO_4$-Lösung gefällt werden.

Nachweis von Barium(II)-Ionen: Ba^{2+}

Als $BaCrO_4$

Durchführung Auf dem Objektträger wird eine Essigsäure-Acetat-gepufferte Analysenlösung eingeengt und mit 1 Tropfen $K_2Cr_2O_7$-Lösung vereinigt.

Beobachtung Es bildet sich ein gelber Niederschlag.

Auswertung Es bildet sich Bariumchromat.

$$2\,Ba^{2+} + Cr_2O_7^{2-} + H_2O \longrightarrow 2\,BaCrO_4\downarrow + 2\,H^+ \quad \{161\}$$

$$CH_3COO^- + H^+ \rightleftharpoons CH_3COOH \quad \{162\}$$

Bemerkungen $BaCrO_4$ fällt im Gegensatz zu $SrCrO_4$ bereits im leicht sauren Milieu aus. Es stören Kationen von Hg, Ag, Pb, Tl und Bi, die ebenfalls unter den leicht sauren Bedingungen gefärbte Chromate bilden.

> **Tipp!** Zur Prüfung der Vollständigkeit der Fällung kann anschließend zur $Cr_2O_7^{2-}$-Zugabe noch einmal etwas $NaOOCCH_3$-Lösung zugetropft werden (nicht zu viel!).

Als $BaSO_4$

Die Fällung als $BaSO_4$ kann mit kalt gesättigter $SrSO_4$-Lösung oder verd. H_2SO_4 erfolgen. $BaSO_4$ löst sich in heißer konz. H_2SO_4 (z. B. beim Erhitzen über der Brennerflamme) auf. Der Nachweis selbst, als Sulfatnachweis, ist bereits beschrieben (Abschn. 5.2.5).

Mit Natriumrhodizonat

Durchführung Auf der Tüpfelplatte wird 1 Tropfen neutrale Analysenlösung mit 1 Tropfen frisch bereiteter Natriumrhodizonat-Lösung vereinigt.

Beobachtung Es fällt ein roter Niederschlag aus.

Auswertung Es fällt Bariumrhodizonat aus, das in konz. HCl beständig ist.

$$Ba^{2+} + [C_6O_6]^{2-} \longrightarrow Ba[C_6O_6]\downarrow \qquad \{163\}$$

> **Tipp!** Ba-Rhodizonat kann nicht aus $BaCrO_4$-Lösung gefällt werden, wird aber mit SO_4^{2-} entfärbt.

Tüpfel-Test für alle Elemente der Ammoniumcarbonat-Gruppe

Dieser Test nutzt die Nachweise mit Rhodizonat aus. Auf einem Filterpapier werden gut voneinander getrennt je ein Tropfen neutrale Analysen-, $CaCl_2$-, $SrCl_2$- und $BaCl_2$-Lösung aufgetragen. Alle Flecken werden nun mit Natriumrhodizonat-Lösung beträufelt und miteinander verglichen. Anschließend wird verd. HCl auf die Flecken getupft, dann konz. HCl. Die Beobachtungen entsprechen denen der genannten Nachweise.

5.3.6 Lösliche Gruppe

Die Ionen der löslichen Gruppe (Na^+, K^+, Mg^{2+} und NH_4^+) wurden bisher nicht gefällt. Daher wird die Gruppe auch als Restgruppe bezeichnet. Für die Nachweise ist zu beachten, dass Ammonium-Ionen und Kalium-Ionen nahezu den gleichen Ionenradius besitzen und daher auch ähnlich reagieren. Für Kaliumnachweise müssen zunächst die Ammonium-Ionen vertrieben werden. Das kann durch trockenes Erhitzen oder durch Erhitzen der Lösung in der Abdampfschale mit einer Base erfolgen. Als Base ist praktischerweise $Ba(OH)_2$ zu verwenden, da sich der zugesetzte Überschuss anschließend leicht durch Zugabe von H_2SO_4 als Barium(II)-sulfat abtrennen lässt. Alle anderen Ionen der löslichen Gruppe stören ihre Nachweise nicht gegenseitig.

Nachweis von Natrium(I)-Ionen: Na^+

Mit Magnesiumuranylacetat (Kristallbilder R siehe Anhang D)

Durchführung Auf einem Objektträger wird 1 Tropfen Analysenlösung eingeengt und mit 1 Tropfen $Mg(H_3CCOO)_2 \cdot xUO_2(H_3CCOO)_2$-Lösung vereinigt.

Beobachtung Es bilden sich schwach gelbe, glasklare Oktaeder oder Dodekaeder (mit rhombischer Struktur).

Auswertung Es bilden sich Kristalle von Magnesiumnatriumtriuranylnonaacetatnonahydrat. Die Kristalle werden unter dem Mikroskop betrachtet.

$$Na^+ + 3\,UO_2^{2+} + Mg^{2+} + 9\,CH_3COO^- + 9\,H_2O \longrightarrow MgNa(UO_2)_3(CH_3COO)_9 \cdot 9\,H_2O\downarrow \quad \{164\}$$

Bemerkungen Es stören die Kationen von: Hg, Cu, Cd, Al, Co, Ni, Mn, sowie Ca, Sr, Ba, Li, Rb und Cs im Überschuss. K^+ verringert die Empfindlichkeit.

Nachweis von Kalium(I)-Ionen: K^+

K^+ und NH_4^+ haben die gleiche Ladung und nahezu den gleichen Ionenradius. Daher reagieren sie ähnlich und alle Kaliumnachweise werden auch mit NH_4^+ positive Ergebnisse liefern. Nur die Reaktionskinetik ist verschieden. Um die Ammonium-Ionen zu vertreiben wird die Analysenlösung mit $Ba(OH)_2$-Lösung versetzt und so lange in der Abdampfschale erhitzt, bis der aufsteigende Dampf nicht mehr basisch reagiert und die verbleibende Lösung basisch ist. Anschließend wird mit verd. H_2SO_4 angesäuert und gleichzeitig die Ba^{2+}-Ionen ausgefällt und abzentrifugiert.

Mit Perchlorsäure

Dieser Nachweis ist bereits als Perchloratnachweis beschrieben (Abschn. 5.2.5). Als Fällungsreagenz wird konz. (70 %ige) Perchlorsäure genutzt und nach Zugabe und ausbleibender Fällung ggf. etwas eingeengt.

Mit $Na_3[Co(NO_2)_6]$

Durchführung Auf einem Objektträger wird eine neutrale oder schwach essigsaure Analysenlösung mit 1 Tropfen frisch bereiteter $Na_3[Co(NO_2)_6]$-Lösung vereinigt.

Beobachtung Es bildet sich ein oranger Niederschlag.

Auswertung Es bildet sich Kaliumnatriumhexanitrocobaltat(III).

$$2\,K^+ + Na^+ + [Co(NO_2)_6]^{3-} \longrightarrow K_2Na[Co(NO_2)_6]\downarrow \qquad \{165\}$$

Bemerkungen Es stören NH_4^+, Rb^+, Cs^+ und Tl^+.

> **Tipp!** Bei Anwesenheit von NH_4^+ wird nach der Fällung einige Minuten im Wasserbad erwärmt, wodurch sich etwas HNO_2 bildet, das mit NH_4^+ zu N_2 reagiert. Nach dem Abkühlen wird erneut Fällungsreagenz zugegeben.

Nachweis von Ammonium-Ionen: NH_4^+

Mit Neßlers Reagenz

Durchführung In der Mikrogaskammer wird Ursubstanz vorgelegt und mit verd. NaOH-Lösung versetzt. Die Kammer wird mit einem Objektträger, an dem 1 Tropfen Neßlers Reagenz hängt, verschlossen.

Beobachtung Es bildet sich ein brauner Niederschlag.

Auswertung

$$NH_4^+ + OH^- \longrightarrow NH_3\uparrow + H_2O \qquad \{166\}$$

$$NH_3 + 2\,[HgI_4]^{2-} + 3\,OH^- \longrightarrow 2\,H_2O + \underset{\text{braun}}{[Hg_2N]I\cdot H_2O\downarrow} + 7\,I^- \qquad \{167\}$$

Bemerkungen Sehr empfindliche Reaktion, auch Spuren werden einen positiven Nachweis geben. Unbedingt eine Blindprobe vornehmen! Alternativ kann auch ein feuchtes Unitest-Papier als Indikator statt Neßlers Reagenz verwendet werden, wobei der Farbumschlag Richtung höheren pH-Wert zu beobachten sein sollte. Damit wird der Versuch jedoch deutlich unspezifischer und weniger empfindlich.

Amphotere Elemente (z. B. Zink und Aluminium) können im stark basischen Milieu NO_3^- zu NH_3 reduzieren und somit einen positiven NH_4^+-Nachweis vortäuschen! Enthält die Analyse auch Metallpulver, so ist statt der Ursubstanz ein konzentrierter wässriger Extrakt der Analyse in der Mikrogaskammer vorzulegen.

Nachweis von Magnesium(II)-Ionen: Mg^{2+}

Mit Titangelb

Durchführung Auf der Tüpfelplatte werden 1 Tropfen neutrale Analysenlösung mit 1 Tropfen Titangelb-Lösung zusammengegeben. Dazu wird 1 Tropfen verd. NaOH-Lösung gegeben.

Beobachtung Es bildet sich ein hellroter Niederschlag.

Auswertung Es bildet sich ein Farblack unbekannter Zusammensetzung.

$$Mg(OH)_2 + 2\,HY \longrightarrow MgY_2\downarrow + 2\,H_2O \qquad \{168\}$$

HY =
H$_3$C
N
S
SO$_3$Na
H
N-N
N
SO$_3$Na
N
S
CH$_3$

Bemerkungen Es stören die Kationen von: Ag, Hg, Cu, Cd, Bi, Mn, Co, Ni, Fe, Cr und U, die ebenfalls Niederschläge geben. NH_4^+ stört die Fällung des $Mg(OH)_2$ und muss daher entfernt werden. Erdalkali-Ionen stören nicht, Ca^{2+} verstärkt allerdings die Farbe des Lacks.

Als $NH_4MgPO_4 \cdot 6H_2O$

Dieser Nachweis ist bereits als Phosphatnachweis beschrieben (Abschn. 5.2.5). Es wird Ammoniumhydrogenphosphat als Fällungsmittel genutzt.

5.4 Empfohlenes Vorgehen bei der Analyse unbekannter Gemische

Bei der Analyse eines unbekannten Gemischs ist folgende Vorgehensweise empfehlenswert:

1. Visuelle Betrachtung:
   - Welche Farbe hat das Gemisch?
   - Ist es homogen?
   - Ist es hygroskopisch?
   - Riecht es charakteristisch?

2. Lösungsversuche (Abschn. 4.6)
   Unlösliche Bestandteile werden zunächst abgetrennt und später aufgeschlossen und separat analysiert.
3. Vorversuche (Abschn. 5.1):
   Diese Versuche geben Hinweise auf vorhandene Ionen, sind aber sehr oft keine eindeutigen Nachweise.
4. Nachweise aus der Ursubstanz für flüchtige (leicht mit anderen Bestandteilen zu flüchtigen Verbindungen reagierende) Stoffe:
   - Ammonium-Ionen (Abschn. 5.3.6)
   - Carbonat-Ionen (Abschn. 5.2.5)
   - Nitrat-Ionen (Abschn. 5.2.5)
   - Sulfid-Ionen (Abschn. 5.2.5)
5. Anionenanalyse (Abschn. 5.2)
   Die Anionen geben vielleicht schon Hinweise auf mögliche schwer lösliche Bestandteile, wie z. B. Erdalkalisulfate.
6. Analyse der Kationen gemäß dem Trennungsgang mit der Lösung
7. Aufschluss der unlöslichen Bestandteile entsprechend der Farbe und den nachgewiesenen Anionen und Analyse der Aufschlusslösung

5.5 Besondere Problemstellungen

Es ist schier unmöglich, alle Einflüsse in einem komplexen System, wie einer unbekannten Analyse, abschätzen zu können. Es kommt immer wieder vor, dass unerwartete Phänomene auftreten, z. B. dass in der frischen Analyse Ionen nachgewiesen werden können und eine Woche später der gleiche Nachweis negativ ist. Einige solcher Stolpersteine sollen hier kurz zusammengefasst sein.

Häufige Verunreinigngen

- Alkali-Ionen (vor allem Na^+) sind oft in Erdalkalisalzen enthalten.
- Chlorid-Ionen sind oft in löslichen Salzen anderer Anionen enthalten.
- Nickelverbindungen enthalten meist etwas Eisen.
- Basische Salze binden CO_2 aus der Luft und bilden Carbonate.

$$\text{Z. B. } CaO + CO_2 \longrightarrow CaCO_3$$

Redoxreaktionen

- Nitrat und Sulfid beim Zerkleinern einer hygroskopischen Probe im Mörser

$$8\,NaNO_3 + Na_2S + 4\,H_2O \longrightarrow Na_2SO_4 + 8\,NO_2\uparrow + 8\,NaOH$$

- Mennige zusammen mit Zinnober

$$4\,Pb_3O_4 + HgS \longrightarrow PbSO_4 + HgO + 11\,PbO$$

- Zinn(II)-Ionen und Nitrat-Ionen

$$Sn^{2+} + 2\,NO_3^- \longrightarrow SnO_2 + 2\,NO_2\uparrow$$

- Sulfide oxidieren langsam an der Luft.

$$\text{Z. B. } CuS + 2\,O_2 \longrightarrow CuSO_4$$

Säure-Base-Reaktionen

- Hygroskopische saure Salze (z. B. $AlCl_3$) reagieren mit Carbonaten.

$$AlCl_3 + 6\,H_2O \longrightarrow [Al(H_2O)_5(OH)]^{2+} + 3\,Cl^- + H^+$$
$$2\,H^+ + CO_3^{2-} \longrightarrow H_2O + CO_2\uparrow$$

- Basische Salze reagieren mit Ammoniumverbindungen.

$$\text{Z. B. } CaO + 2\,NH_4^+ \longrightarrow Ca^{2+} + 2\,NH_3\uparrow + H_2O$$

- Saure Salze reagieren mit säurelöslichen Sulfiden.

$$2\,H^+ + S^{2-} \longrightarrow H_2S\uparrow$$

Übungsversuche 6

Inhaltsverzeichnis

Die Durchführung von halbmikroanalytischen Versuchen benötigt etwas Übung und weist an mancher Stelle ein paar Besonderheiten oder Stolperfallen auf. Die folgenden Versuche bestehen aus selbst zusammengestellten Analysemischungen (Positivblindproben von Mischungen) und sollen auf wichtige, teilweise anspruchsvolle oder exakt durchzuführende Arbeitsschritte hinweisen.

6.1 Allgemeine Versuche

6.1.1 Waschen eines Niederschlags

Durchführung In ein Halbmikroreagenzglas werden 1 Tropfen 1 M Eisen(III)-chlorid-Lösung und 10 Tropfen einer 0,1 M Nickel(II)-sulfat-Lösung gegeben und mit 3 Tropfen verd. Salpetersäure versetzt. Zu der Lösung werden 10 Tropfen konz. Ammoniak-Lösung gegeben und im Wasserbad erwärmt. Der Niederschlag wird abzentrifugiert: Die Lösung wird geteilt und mit Diacetyldioxim auf Nickel(II)- bzw. mit verd. Salpetersäure und Silber(I)-nitrat auf Chlorid-Ionen getestet. Der Niederschlag wird mit verd. Ammoniak-Lösung aufgeschlämmt und erneut zentrifugiert. Dieser Vorgang wird Waschen genannt. Die Waschlösung wird wieder geteilt und erneut auf Nickel(II)- und Chlorid-Ionen geprüft. Das Waschen und Prüfen wird so

M. Herbig und J. Wagler, *Qualitative Anorganische Analyse*,
https://doi.org/10.1007/978-3-662-57850-6_6

lange wiederholt, bis keine Nickel(II)- und keine Chlorid-Ionen mehr nachzuweisen sind.

Beobachtungen Aus der anfangs gelben Lösung fällt bei der Zugabe von Ammoniak ein brauner Niederschlag aus. Durch das Erwärmen agglomeriert der Niederschlag besser und die blauviolette Farbe der Lösung wird sichtbar. In der Lösung können sowohl Nickel(II)- als auch Chlorid-Ionen nachgewiesen werden. Nach dem ersten Waschen sind beide Nachweise weiterhin positiv. Erst nach ca. 3 Waschgängen können keine weiteren Nickel(II)- oder Chlorid-Ionen nachgewiesen werden.

Reaktionsgleichungen

$$NH_3 + H_2O \rightleftharpoons NH_4^+ + OH^- \quad \{1\}$$

$$Fe^{3+} + 3\,OH^- \longrightarrow Fe(OH)_3\downarrow \quad \{2\}$$

$$Ni^{2+} + 6\,NH_3 \longrightarrow [Ni(NH_3)_6]^{2+} \quad \{3\}$$

Nachweise siehe 5.2.5 und 5.3.4.

Auswertung Durch die Zugabe von Ammoniak wird Eisen(III)-hydroxid gefällt. Nickel bleibt als Hexamminnickel(II)-Komplex in Lösung. Die Trennung ist erfolgt, jedoch haftet noch nickel- und chloridhaltige Lösung am Niederschlag. Durch das Waschen mit verd. Ammoniak wird ein Auflösen des Eisen(III)-hydroxids verhindert; es ist immer sinnvoll, mit dem Fällungsmittel zu waschen. Nach dem ersten Waschgang sind noch relativ viele Nickel(II)- und Chlorid-Ionen in der Waschlösung vorhanden. Die Waschlösung sollte daher der weiter zu verwendenden Lösung zugeführt werden. Mit jedem weiteren Waschgang nimmt die Menge beider nachzuweisender Ionen stetig ab; diese Waschlösungen können verworfen werden.

Fazit

Das mehrfache Waschen von weiter zu verwendenden Niederschlägen ist für eine gute Trennung unvermeidlich!

6.1.2 Abrauchen/Vertreiben von H_2S, NO_3^- oder NH_4^+

Durchführung Je eine Lösung von Natriumnitrat und Natriumsulfid wird mit einen Tropfer voll konz. Salzsäure versetzt und einmal im Reagenzglas im Wasserbad erwärmt und einmal in der Abdampfschale erhitzt (Glasstab hineinstellen, zur Vermeidung von Siedeverzug). In die entstehenden Dämpfe wird ein feuchtes pH-Wert-Papier gehalten. Nach ca. 10 min Erwärmen bzw. Erhitzen (ggf. Wasser zugeben, nicht eindampfen lassen) wird auf die Anionen des Natriumsalzes getestet.

Anschließend wird der Versuch mit einer Ammoniumchlorid-Lösung, die mit Bariumhydroxid-Lösung versetzt wird, wiederholt. Nach ca. 10 min Erwärmen bzw. Erhitzen wird mit Schwefelsäure angesäuert, zentrifugiert und mit Neßlers Reagenz auf Ammonium getestet.

Beobachtung Bei der nitrathaltigen Lösung bilden sich leicht braune Dämpfe beim Erhitzen. Die Dämpfe der Natriumnitrat-Lösung und der Natriumsulfid-Lösung färben das pH-Papier rot. Die Dämpfe der Ammoniumchlorid-Lösung färben das pH-Papier blau.

Die Nachweise sind bei den Lösungen aus dem Wasserbad positiv, bei den Lösungen aus der Abdampfschale negativ.

Reaktionsgleichungen

$$NO_3^- + 3\,Cl^- + 4\,H^+ \longrightarrow NOCl\uparrow + Cl_2\uparrow + 2\,H_2O \qquad \{4\}$$

$$2\,NO_3^- + 2\,H^+ \xrightarrow{\Delta} \underset{\text{braun}}{2\,NO_2\uparrow} + H_2O + \frac{1}{2}\,O_2 \qquad \{5\}$$

$$S^{2-} + 2\,H^+ \longrightarrow H_2S\uparrow \qquad \{6\}$$

$$NH_4^+ + OH^- \longrightarrow NH_3\uparrow + H_2O \qquad \{7\}$$

Auswertung Nitrat- und Sulfid-Ionen können aus sauren Lösungen durch Erhitzen mit Salzsäure in der Abdampfschale vertrieben werden, zum Abrauchen von Ammonium-Ionen wird eine basische Lösung benötigt.

Bemerkungen Das Abrauchen sollte nur mit Säuren und Basen erfolgen, die sich anschließend wieder leicht entfernen lassen (HCl kann durch Erhitzen wesentlich leichter vertrieben werden, als beispielsweise H_2SO_4. Ba^{2+} kann durch verd. Schwefelsäure gefällt werden, Na^+ nicht.)

Fazit

Das Vertreiben erfolgt am besten in der Abdampfschale über dem Brenner, weil hierbei die Oberfläche größer und die Temperatur höher ist als im Reagenzglas im Wasserbad.

6.1.3 Abrauchen von Nitrat in Gegenwart von Arsenverbindungen

Durchführung In einem Reagenzglas (Glas 1) wird Arsen(III)-oxid in verd. Salzsäure gelöst. In einem zweiten Reagenzglas (Glas 2) wird ebenfalls Arsen(III)-oxid in verd. Salzsäure gelöst, anschließend jedoch zusätzlich mit 3 Tropfen konz. Salpetersäure versetzt. Der Inhalt von Glas 2 wird in eine Abdampfschale gegeben und das Nitrat mit viel konz. Salzsäure abgeraucht (bis fast zur Trockne, ggf. Wasser zugeben, auf Abwesenheit von Nitrat prüfen!). Die erhaltene Lösung wird in verd. Salzsäure aufgenommen und in ein Reagenzglas (Glas 3) überführt. Sowohl in Glas 1 als auch in Glas 3 wird schließlich Schwefelwasserstoff eingeleitet.

Beobachtung Beim Abrauchen bildet sich gegen Ende deutlich mehr Rauch über der Abdampfschale, als bei dem vorherigen Versuch (6.1.2). In Glas 1 fällt beim Einleiten von Schwefelwasserstoff nach kurzer Zeit ein gelber Niederschlag aus. In Glas 3 bildet sich hingegen kein Niederschlag.

Reaktionsgleichungen

$$As_2O_3 + 6\,Cl^- + 6\,H^+ \longrightarrow 2\,AsCl_3 + 3\,H_2O \qquad \{8\}$$

$$NO_3^- + 3\,Cl^- + 4\,H^+ \longrightarrow NOCl\uparrow + Cl_2\uparrow + 2\,H_2O \qquad \{9\}$$

$$2\,NO_3^- + 2\,H^+ \xrightarrow{\Delta} \underset{\text{braun}}{2\,NO_2\uparrow} + H_2O + \frac{1}{2}O_2 \qquad \{10\}$$

$$AsCl_{3(l)} \xrightarrow{\Delta} AsCl_3\uparrow \qquad \{11\}$$

$$2\,AsCl_3 + 6\,H_2S \longrightarrow \underset{\text{gelb}}{As_2S_3\downarrow} + 12\,H^+ + 6\,Cl^- \qquad \{12\}$$

Auswertung Arsen(III)-oxid löst sich in Salzsäure unter Bildung von Arsen(III)-chlorid, einer farblosen, an der Luft rauchenden und bei 130 °C siedenden Flüssigkeit. Beim Abrauchen mit viel konz. Salzsäure (Siedepunkt knapp über 100 °C) wird das Arsen(III)-chlorid ebenfalls aus der Lösung ausgetrieben.

Fazit

Das Abrauchen von Nitraten sollte vor der Analyse der Schwefelwasserstoffgruppe nur dann erfolgen, wenn es unbedingt notwendig ist. Außerdem ist dazu möglichst wenig Salzsäure zu verwenden. Sollte im H_2S-Trennungsgang kein Arsen nachgewiesen werden können, empfiehlt sich die Durchführung eines Arsennachweises aus der Ursubstanz (z. B. die Fleitmann'sche Probe).

6.2 Fällung und Kristallzucht

6.2.1 Fällung von Silberchlorid in der Salzsäuregruppe

Durchführung In zwei Halbmikroreagenzgläsern wird jeweils eine Silber(I)-nitrat-Lösung mit verd. (Glas 1) oder konz. (Glas 2) Salzsäure versetzt. Der entstehende

Niederschlag wird jeweils abzentrifugiert. Die Lösungen werden mit etwas Natriumcarbonat versetzt, um den pH-Wert auf 1–2 einzustellen. Anschließend wird in die Lösungen Schwefelwasserstoff eingeleitet.

Beobachtung Bei Glas 1 (verd. Salzsäure) kommt es zu keinem Niederschlag beim Einleiten von Schwefelwasserstoff. Bei der Lösung in Glas 2 (mit konz. Salzsäure) tritt ein schwarzer Niederschlag auf.

Reaktionsgleichungen

$$Ag^+ + Cl^- \longrightarrow \underset{\text{weiß}}{AgCl\downarrow} \quad \{13\}$$

$$AgCl + Cl^- \longrightarrow [AgCl_2]^- \quad \{14\}$$

$$2\,[AgCl_2]^- + H_2S \longrightarrow 4\,Cl^- + \underset{\text{schwarz}}{Ag_2S\downarrow} + 2\,H^+ \quad \{15\}$$

Auswertung Es wird immer zuerst Silberchlorid gefällt. Bei hohen Chlorid-Konzentrationen kann sich der Dichloridoargentat(I) Komplex bilden und die Fällung ist nicht quantitativ. In diesem Fall wird Silber aus der Salzsäuregruppe in die Schwefelwasserstoffgruppe verschleppt und fällt dort als schwarzer Niederschlag an.

Fazit

Es sollte nicht zu hoch konzentrierte Salzsäure bei der Fällung der Salzsäuregruppe verwendet werden.

6.2.2 Abhängigkeit der Gruppenfällung der Schwefelwasserstoffgruppe vom pH-Wert

Durchführung Eine Mischung von Arsen(III)-oxid, Antimon(III)-oxid und Kupfer(II)-sulfat wird einmal in verd. Salzsäure und einmal in konz. Salzsäure gelöst. Anschließend wird für ca. 20 s Schwefelwasserstoff eingeleitet. Bei der Lösung in konz. Salzsäure wird anschließend die Lösung mit Wasser verdünnt.

Beobachtung In der Lösung mit verd. Salzsäure (blau) fällt ein schwarzer Niederschlag und in der Lösung in konz. Salzsäure (gelb) ein gelber Niederschlag aus. Beim Verdünnen der gelben Suspension bildet sich in der Verdünnungszone erst ein oranger und beim weiteren Verdünnen ein schwarzer Niederschlag.

Reaktionsgleichungen

$$H_2S \rightleftharpoons H^+ + HS^- \quad \{16\}$$

$$HS^- \rightleftharpoons H^+ + S^{2-} \quad \{17\}$$

$$As_2O_3 + 6\,Cl^- + 6\,H^+ \longrightarrow 2\,AsCl_3 + 3\,H_2O \quad \{18\}$$

$$2\,AsCl_3 + 6\,H_2S \longrightarrow \underset{\text{gelb}}{As_2S_3\downarrow} + 12\,H^+ + 6\,Cl^- \quad \{19\}$$

$$Sb_2O_3 + 8\,HCl \longrightarrow [SbCl_4]^- + 2\,H^+ + 3\,H_2O \quad \{20\}$$

$$2\,[SbCl_4]^- + 3\,H_2S \longrightarrow \underset{\text{orange}}{Sb_2S_3\downarrow} + 6\,HCl + 2\,Cl^- \quad \{21\}$$

$$Cu^{2+} + 4\,Cl^- \longrightarrow \underset{\text{gelb}}{[CuCl_4]^{2-}} \quad \{22\}$$

$$Cu^{2+} + H_2S \longrightarrow \underset{\text{schwarz}}{CuS} + 2\,H^+ \quad \{23\}$$

Auswertung In der konz. Salzsäure liegen Kupfer- und Antimon-Ionen als Chlorido-Komplexe vor. Außerdem ist die Sulfid-Ionenkonzentration bei dem niedrigen pH-Wert gering, sodass nur Arsen(III)-sulfid ausfällt, dessen gelbe Farbe sichtbar wird. Beim Verdünnen zerfallen die Komplexe von Cu und Sb und es bilden sich die Sulfide. In verd. Salzsäure bilden sich direkt alle Sulfide.

Fazit

Der pH-Wert in der Schwefelwasserstoffgruppe muss gering, aber nicht zu gering sein. Ein Verdünnen nach dem Einleiten von Schwefelwasserstoff hilft, evtl. zu geringe pH-Werte und unvollständige Fällung zu erkennen.

6.2.3 Fällung von CoS und NiS

Durchführung Eine verdünnte Lösung von Cobalt(II)-sulfat und Nicke(II)-sulfat in Wasser wird mit etwas festem Ammoniumchlorid und konz. Ammoniak-Lösung versetzt. Die entstehende Lösung wird geteilt. In Lösung 1 wird Schwefelwasserstoff eingeleitet und in Lösung 2 eine frisch hergestellte Ammoniumsulfid-Lösung (H_2S in konz. NH_3-Lösung einleiten) gegeben. Anschließend werden die entstehenden Suspensionen zentrifugiert. Die überstehende Lösung 1 wird anschließend in der Abdampfschale erhitzt.

Beobachtung Es entsteht in beiden Lösungen ein schwarzer Niederschlag. Nach dem Zentrifugieren ist die Lösung 1, in die direkt Schwefelwasserstoff eingeleitet wurde, noch braun und es sind noch Schwebeteilchen vorhanden, wohingegen die

Lösung 2 klar ist. Nach dem Erhitzen in der Abdampfschale sind die Schwebeteilchen von Lösung 1 agglomeriert und es hat sich ebenfalls eine klare Lösung gebildet.

Reaktionsgleichungen

$$Co^{2+} + H_2S + 2\,NH_3 \longrightarrow \underset{\text{schwarz}}{CoS} + 2\,NH_4^+ \qquad \{24\}$$

$$Ni^{2+} + H_2S + 2\,NH_3 \longrightarrow \underset{\text{schwarz}}{NiS} + 2\,NH_4^+ \qquad \{25\}$$

Auswertung Aus verdünnten Lösungen können sowohl Nickel(II)- als auch Cobalt(II)-sulfid als kolloidaler Niederschlag anfallen, der sich schlecht von der überstehenden Lösung trennen lässt. Dies kann durch die Zugabe von Ammoniumsulfid-Lösung statt des direkten Einleitens von Schwefelwasserstoff vermieden werden. Ein kolloidaler Niederschlag kann durch Erhitzen in der Abdampfschale zur Agglomeration gezwungen werden.

Fazit

Bei der Trennung können kolloidale Niederschläge anfallen, die zur Abtrennung zunächst zur Agglomeration gezwungen werden müssen.

6.2.4 Zucht von Gipsnadeln

Durchführung Eine Calciumchlorid-Lösung wird auf dem Objektträger mit einer Ammoniumsulfat-Lösung versetzt und unter der IR-Lampe leicht erwärmt. Eine zweite Lösung von Calciumchlorid wird mit ges. Natriumsulfat-Lösung versetzt.

Beobachtung Es bilden sich lange, farblose Nadeln aus (Kristallfoto siehe Anhang D). In der mit Natriumsulfat-Lösung versetzten Probe sind die Kristalle kleiner und die Form ist schwerer zu erkennen.

Reaktionsgleichungen

$$Ca^{2+} + SO_4^{2-} + 2\,H_2O \longrightarrow \underset{\text{weiße Nadeln}}{CaSO_2 \cdot 2\,H_2O\downarrow} \qquad \{26\}$$

Auswertung Es bilden sich Gips-Nadeln. Aus der Ammoniumsulfat-Lösung fällt Calciumsulfat langsam aus, wodurch die Kristalle langsam gebildet werden und eine sehr typische Form aufweisen. Fällt der Niederschlag schnell, so ist die Form weniger spezifisch.

Fazit

Kristallisation zu charakteristischen Kristallformen braucht Zeit und ggf. Wärme.

6.2.5 Umkristallisieren von Blei(II)-iodid

Durchführung Zu einer verd. Blei(II)-nitrat-Lösung wird etwas Kaliumiodid-Lösung gegeben. Ein Tropfen der entstehenden gelben Suspension wird unter dem Mikroskop betrachtet. Die restliche Suspension wird im heißen Wasserbad ca. 20 min erwärmt, anschließend abkühlen gelassen und die Suspension unter dem Mikroskop betrachtet.

Beobachtung Es bilden sich goldgelbe, glitzernde, sechseckige Blättchen (Goldregen, siehe Anhang D). Nach dem Erwärmen im Wasserbad sind die Kristalle größer und gleichmäßiger geformt.

Reaktionsgleichungen

$$Pb^{2+} + 2\,I^- \rightleftharpoons \underset{\text{gelb}}{PbI_2} \qquad \{27\}$$

Auswertung Das entstehende Blei(II)-iodid kann aus heißem Wasser umkristallisiert werden, sodass die charakteristische Kristallform besser erkannt werden kann.

Fazit

Ein schnell gefällter Niederschlag mit kleinen Kristallen kann durch geschicktes Erwärmen zu besser erkennbaren Kristallen charakteristischer Form umkristallisiert werden.

6.3 Trennung

6.3.1 Bismut und Kupfer

Durchführung Eine leicht salzsaure, verd. Lösung von Bismut(III)-chlorid und Kupfer(II)-sulfat wird mit konz. Ammoniak-Lösung versetzt. Die Lösung wird beobachtet und anschließend im Wasserbad erwärmt.

Beobachtung Die zuvor leicht blaue Lösung wird dunkelblau. Es fällt zunächst langsam ein weißer Niederschlag aus, der beim Erwärmen deutlich besser sichtbar wird.

Reaktionsgleichungen

$$Cu^{2+} + 4\,NH_3 \longrightarrow \underset{\text{dunkelbalu}}{[Cu(NH_3)_4]^{2+}} \qquad \{28\}$$

$$Bi^{3+} + 3\,H_2O + 3\,NH_3 \longrightarrow \underset{\text{weiß}}{Bi(OH)_3\downarrow} + 3\,NH_4^+ \qquad \{29\}$$

Auswertung Der sich bildende Tetramminkupfer(II)-Komplex färbt die Lösung intensiv blau, während langsam Bismut(III)-hydroxid ausfällt. Das Erwärmen beschleunigt das Ausfallen.

Fazit

Chemie braucht Zeit. Einige Fällungen laufen in der Wärme besser ab, benötigen aber dennoch manchmal einige Minuten. Ein weiteres Beispiel ist die Fällung von Eisen(III)-hydroxid mit Ammoniak-Lösung.

6.3.2 Die Arsengruppe aus Polysulfid

In eine salzsaure Lösung von Arsen(III)-oxid, Antimon(III)-chlorid und Zinn(II)-chlorid wird Schwefelwasserstoff eingeleitet.

$$2\,AsCl_3 + 3\,H_2S \longrightarrow \underset{\text{gelb}}{As_2S_3\downarrow} + 6\,H^+ + 6\,Cl^- \qquad \{30\}$$

$$2\,SbCl_3 + 3\,H_2S \longrightarrow \underset{\text{orange}}{Sb_2S_3\downarrow} + 6\,Cl^- + 6\,H^+ \qquad \{31\}$$

$$Sn^{2+} + H_2S \longrightarrow \underset{\text{braun}}{SnS} + 2\,H^+ \qquad \{32\}$$

Der mit verd. Salzsäure und dest. Wasser gewaschene Niederschlag wird in gelber Ammoniumpolysulfid-Lösung in der Wärme aufgelöst. Dieser Schritt ist im Trennungsgang zur Trennung der Arsen- und Kupfergruppe notwendig.

$$As_2S_3 + \frac{2}{8}\,S_8 + 3\,S^{2-} \longrightarrow 2\,[AsS_4]^{3-} \qquad \{33\}$$

$$Sb_2S_3 + \frac{2}{8}\,S_8 + 3\,S^{2-} \longrightarrow 2\,[SbS_4]^{3-} \qquad \{34\}$$

$$SnS + \frac{1}{8}\,S_8 + S^{2-} \longrightarrow [SnS_3]^{2-} \qquad \{35\}$$

Zu der Lösung wird so viel verd. Schwefelsäure gegeben, bis nichts mehr ausfällt.

$$2\,[AsS_4]^{3-} + 6\,H^+ \longrightarrow \underset{\text{gelb}}{As_2S_5}\downarrow + 3\,H_2S \qquad \{36\}$$

$$2\,[SbS_4]^{3-} + 6\,H^+ \longrightarrow \underset{\text{orange}}{Sb_2S_5}\downarrow + 3\,H_2S \qquad \{37\}$$

$$[SnS_3]^{2-} + 2\,H^+ \longrightarrow \underset{\text{gelb}}{SnS_2}\downarrow + H_2S \qquad \{38\}$$

$$S_n^{2-} + 2\,H^+ \longrightarrow \underset{\text{weiß bis gelb}}{\frac{n-1}{8}S_8}\downarrow + H_2S \qquad \{39\}$$

Dabei fallen alle Sulfide wieder aus und das überschüssige Polysulfid wird zersetzt. Es entsteht eine, je nach Schwefelanteil, weiß bis schmutzig-orange-gelbe Suspension. Diese wird abzentrifugiert und mit verd. Schwefelsäure gewaschen.

Zum Niederschlag wird konz. Salzsäure gegeben und die Suspension erwärmt.

$$Sb_2S_5 + 12\,Cl^- + 10\,H^+ \longrightarrow 2\,[SbCl_6]^- + 5\,H_2S \qquad \{40\}$$

$$SnS_2 + 6\,Cl^- + 4\,H^+ \longrightarrow [SnCl_6]^{2-} + 2\,H_2S \qquad \{41\}$$

Die Suspension wird zentrifugiert und der Niederschlag aufgehoben. Die Lösung wird mit einem Eisennagel versetzt und einige Minuten stehen gelassen. Dabei bilden sich elementares Antimon und Zinn(II)-Ionen, die nun durch Zentrifugieren getrennt und nachgewiesen werden können.

$$2\,[SbCl_6]^- + 5\,Fe \longrightarrow 5\,Fe^{2+} + 12\,Cl^- + \underset{\text{schwarz}}{2\,Sb}\downarrow \qquad \{42\}$$

$$[SnCl_6]^{2-} + Fe \longrightarrow Fe^{2+} + [SnCl_4]^{2-} + 2\,Cl^- \qquad \{43\}$$

Der aufgehobene Niederschlag wird mit ammoniakalischer Wasserstoffperoxid-Lösung versetzt und im Wasserbad erwärmt. Dabei bildet sich Arsenat, das nachgewiesen werden kann. Gleichzeitig löst sich der ausgefallene Schwefel nicht auf, sodass ein weißer bis hellgelber Niederschlag zurückbleibt und durch Zentrifugieren abgetrennt werden muss.

$$As_2S_5 + 5\,H_2O_2 + 6\,NH_3 \longrightarrow 2\,AsO_4^{3-} + 6\,NH_4^+ + \frac{5}{8}\,S_8\downarrow + 2\,H_2O \qquad \{44\}$$

Fazit

Gerade bei diesem Trennungsgang bildet sich oft Schwefel, der sich nicht mehr löst. Hierbei ist zu beachten, dass sich nicht immer alle Niederschläge auflösen müssen und ein Verbleib eines Niederschlags nicht darauf schließen lässt, dass keine Reaktion stattgefunden hat.

6.3.3 Mangan, Aluminium und Chrom

Eine verd. Lösung von Mangan(II)-sulfat, Chrom(III)-chlorid und Aluminium(III)-chlorid wird mit 3 %iger Wasserstoffperoxid-Lösung versetzt und einige Minuten im Wasserbad erwärmt. Anschließend wird aus der Lösung in der Abdampfschale das überschüssige Wasserstoffperoxid entfernt. Die Zugabe von Wasserstoffperoxid ist im Trennungsgang wichtig, um Eisen(II)-Ionen zu Eisen(III)-Ionen zu oxidieren. Danach wird etwas festes Ammoniumchlorid und konz. Ammoniak-Lösung zugegeben und wieder im Wasserbad erwärmt. Es sollte ein grünlich-weißer bzw. schwach grauvioletter Niederschlag ausfallen.

$$Al^{3+} + 3\,NH_3 + 3\,H_2O \longrightarrow \underset{\text{weiß}}{Al(OH)_3\downarrow} + 3\,NH_4^+ \tag{45}$$

$$Cr^{3+} + 3\,NH_3 + 3\,H_2O \longrightarrow \underset{\text{grünlich bis violett}}{Cr(OH)_3\downarrow} + 3\,NH_4^+ \tag{46}$$

$$Mn^{2+} + 6\,NH_3 \longrightarrow [Mn(NH_3)_6]^{2+} \tag{47}$$

Falls ein schwarzer oder dunkelbrauner Niederschlag entsteht, so wurde das Wasserstoffperoxid nicht richtig entfernt oder der Ammoniak-Ammonium-Puffer nicht richtig eingestellt bzw. Ammoniak zu langsam (oder zu wenig) zugegeben. Es bildet sich im basischen Milieu Braunstein.

$$Mn^{2+} + H_2O_2 + 2\,OH^- \longrightarrow \underset{\text{braun}}{MnO_2\downarrow} + 2\,H_2O \tag{48}$$

$$Mn^{2+} + \frac{1}{2}\,O_2 + 2\,OH^- \longrightarrow \underset{\text{braun}}{MnO_2\downarrow} + H_2O \tag{49}$$

Der grünlichweiße Niederschlag wird abgetrennt, gewaschen und mit einem Plätzchen Natriumhydroxid und ca. 10 Tropfen 30 %iger Wasserstoffperoxid-Lösung versetzt. Die Lösung wird gelb.

$$Al(OH)_3 + OH^- \longrightarrow [Al(OH)_4]^- \tag{50}$$

$$2\,Cr(OH)_3 + 4\,OH^- + 3\,H_2O_2 \longrightarrow \underset{\text{gelb}}{2\,CrO_4^{2-}} + 8\,H_2O \tag{51}$$

Um nun Chromat und Aluminium zu trennen, wird so lange festes Ammoniumchlorid zugegeben, bis der pH-Wert bei etwa 8–9 liegt. Dabei fällt sehr langsam ein weißer, voluminöser Niederschlag von Aluminium(III)-hydroxid aus.

$$[Al(OH)_4]^- + NH_4^+ \longrightarrow \underset{\text{weiß}}{Al(OH)_3\downarrow} + NH_3 + H_2O \tag{52}$$

Somit sind alle Elemente voneinander getrennt.

Fazit

Oxidationsmittel, die im Überschuss zugegeben werden, müssen vollständig entfernt werden. Bei der Trennung von Mangan und Eisen ist sehr genau zu arbeiten, weil beide Elemente ähnliche Beobachtungen zeigen können (Eisen wäre als braunes $Fe(OH)_3$ ausgefallen). Stark alkalische Lösungen benötigen sehr viel Ammoniumchlorid, um neutralisiert zu werden.

6.3.4 Aluminium und Zink aus Natronlauge

Durchführung und Beobachtung Es werden eine Spatelspitze Zink(II)-chlorid und ebenso viel Aluminium(III)-chlorid in Natronlauge gelöst. Zu der klaren Lösung wird so lange festes Ammoniumchlorid gegeben, bis ein weißer Niederschlag ausfällt.

Reaktionsgleichungen

$$[Zn(OH)_4]^{2-} + 4\,NH_4^+ + 2\,OH^- \longrightarrow [Zn(NH_3)_4]^{2+} + 4\,H_2O \qquad \{53\}$$

$$[Al(OH)_4]^- + NH_4^+ \longrightarrow \underset{\text{weiß}}{Al(OH)_3\downarrow} + NH_3 + H_2O \qquad \{54\}$$

Auswertung Die Hydroxide von Aluminium und Zink reagieren amphoter und bilden Hydroxidokomplexe. Die beiden können durch die Zugabe von Ammoniumchlorid aus einer alkalischen Lösung voneinander getrennt werden. Zink(II)-Ionen bilden mit dem entstehenden Ammoniak einen löslichen Komplex, während Aluminium(II)-Ionen als weißes Aluminium(III)-hydroxid ausfallen.

Fazit

Die Kationen einiger Elemente lösen sich in starken Basen und können so von vielen anderen abgetrennt werden. Auch in diesen stark alkalischen Lösungen können sie voneinander getrennt und anschließend nachgewiesen werden.

6.3.5 Die Erdalkali-Ionen

Eine Lösung von Magnesiumchlorid, Calciumchlorid, Strontiumchlorid und Bariumchlorid wird mit etwas festem Ammoniumchlorid versetzt. In die Lösung werden anschließend ein paar Tropfen konz. Ammoniak-Lösung und Ammoniumcarbonat-Lösung gegeben. Die Lösung wird auf zwei Reagenzgläser verteilt und eines davon im Wasserbad erwärmt. Dabei fällt ein weißer Niederschlag aus.

$$Mg^{2+} + 5\,H_2O + NH_3 \longrightarrow [Mg(H_2O)_5NH_3]^{2+} \qquad \{55\}$$

$$M^{2+} + CO_3^{2-} \longrightarrow \underset{\text{weiß}}{MCO_3\downarrow} \qquad M = Ca, Sr, Ba \qquad \{56\}$$

Wird die Reihenfolge bei der Zugabe der Reagenzien nicht beachtet, oder sind zu wenige Ammonium-Ionen in der Lösung, so kann auch Magnesiumhydroxid oder Magnesiumcarbonat ausfallen und nicht mehr in der löslichen Gruppe gefunden werden! Falls nicht erwärmt wird, so fallen die Carbonate nicht vollständig aus und stören in der löslichen Gruppe.

Der beim Erwärmen erhaltene Niederschlag wird abzentrifugiert und mit Ammoniumcarbonat-Lösung gewaschen. Anschließend wird er in möglichst wenig verd. Essigsäure in der Wärme und unter Rühren gelöst und der pH-Wert der Lösung auf ca. 5 eingestellt (testen!). Zu dieser Lösung wird Kaliumchromat gegeben, wodurch ein gelber Niederschlag entsteht.

$$MCO_3 + 2\,H_3CCOOH \longrightarrow M^{2+} + CO_2 + H_2O + 2\,H_3CCOO^- \qquad \{57\}$$

$$M = Ca, Sr, Ba$$

$$\underset{\text{gelb}}{2\,CrO_4^{2-}} + 2\,H^+ \rightleftharpoons \underset{\text{orange}}{Cr_2O_7^{2-}} + H_2O \qquad \{58\}$$

$$2\,Ba^{2+} + Cr_2O_7^{2-} + H_2O \longrightarrow \underset{\text{gelb}}{2\,BaCrO_4\downarrow} + 2\,H^+ \qquad \{59\}$$

Ist der pH-Wert nicht richtig eingestellt, so fällt bei zu hohem pH-Wert auch bereits Strontiumchromat und bei zu niedrigem pH-Wert kein Niederschlag aus.

Der Niederschlag wird abgetrennt und die Lösung schnell mit Natriumcarbonat versetzt. Dadurch bildet sich ein weißer Niederschlag in der gelben Lösung.

$$M^{2+} + CO_3^{2-} \longrightarrow \underset{\text{weiß}}{MCO_3\downarrow} \qquad M = Ca, Sr \qquad \{60\}$$

Der mit verd. Natriumcarbonat-Lösung gewaschene Niederschlag wird in möglichst wenig verd. Salzsäure in der Wärme unter Rühren gelöst. Der pH-Wert wird mit Ammoniak und Salzsäure auf exakt 7 eingestellt und wieder Kaliumchromat zugegeben.

$$Sr^{2+} + CrO_4^{2-} \longrightarrow \underset{\text{gelb}}{SrCrO_4\downarrow} \qquad \{61\}$$

Nur in sehr hohen Konzentrationen oder bei zu hohem pH-Wert kann auch Calciumchromat ausfallen.

Somit sind alle Elemente voneinander getrennt und können nachgewiesen werden.

Fazit

Bei einigen Versuchen und Trennungen spielt der pH-Wert eine sehr wichtige Rolle und muss exakt eingehalten werden. Um einen korrekten pH-Wert bestimmen zu können, muss die Lösung immer kurz erwärmt worden sein und gut umgerührt werden. Für die Trennung mancher Gruppen ist die Reihenfolge, in der Chemikalien zugegeben werden, entscheidend.

Anhang A: Zeichnungen von Laborgeräten

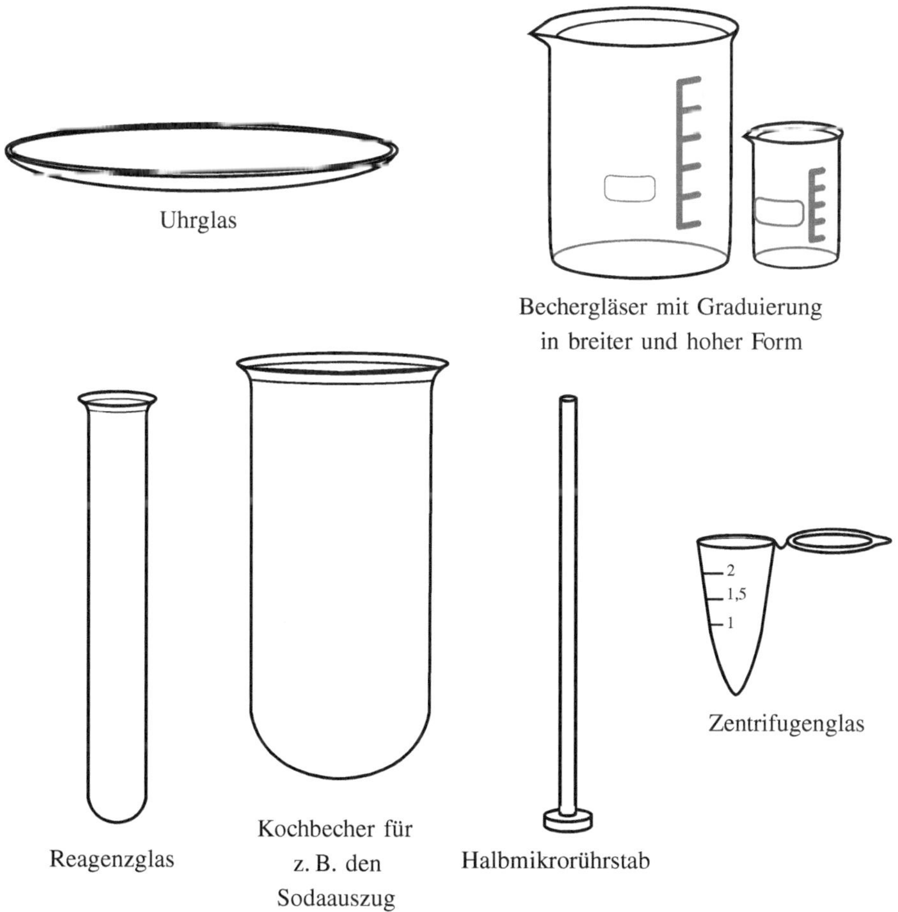

M. Herbig und J. Wagler, *Qualitative Anorganische Analyse,*
https://doi.org/10.1007/978-3-662-57850-6

Mörser mit Pistill

Porzellanschale mit rundem Boden

Abdampfschale

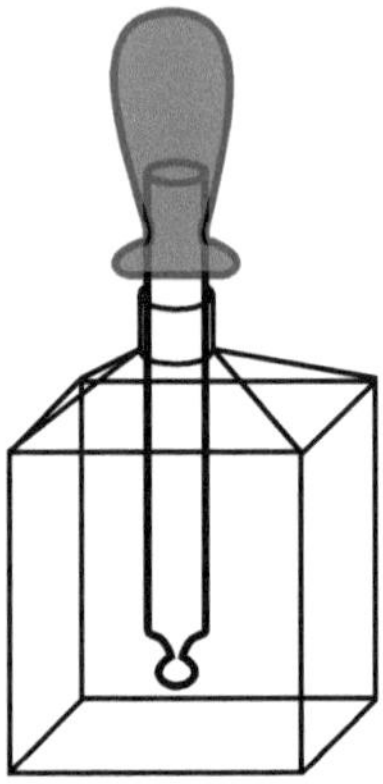

Reagenzienflasche mit Schliff oder mit Schraubverschluss

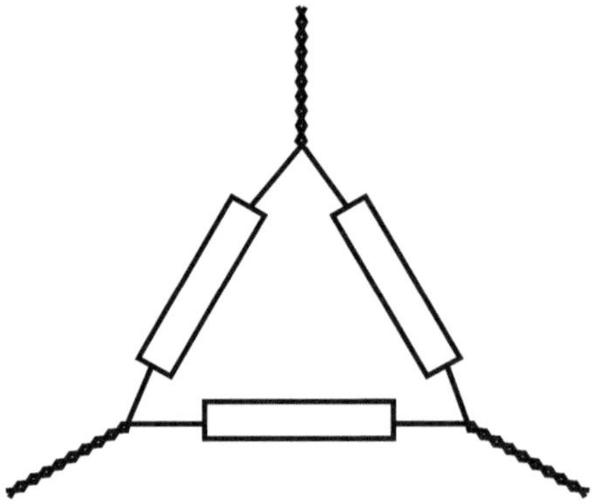

Tondreieck

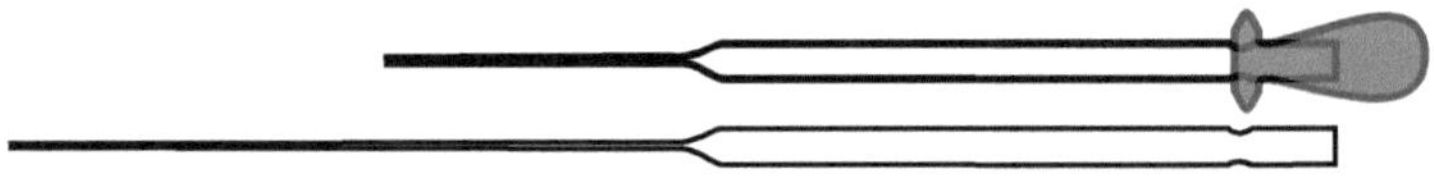

Tropfer (Pasteur-Pipetten), = Glasröhrchen mit kurz- und langausgezogener Spitze (ersteres mit einem Gummisauger abgebildet). Letzteres kann, ohne Gummisauger, als Gaseinleitungsröhrchen dienen

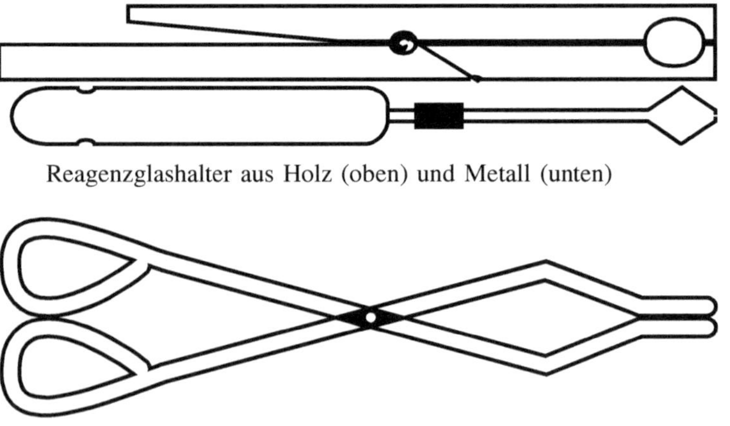

Reagenzglashalter aus Holz (oben) und Metall (unten)

Tiegelzange aus Metall

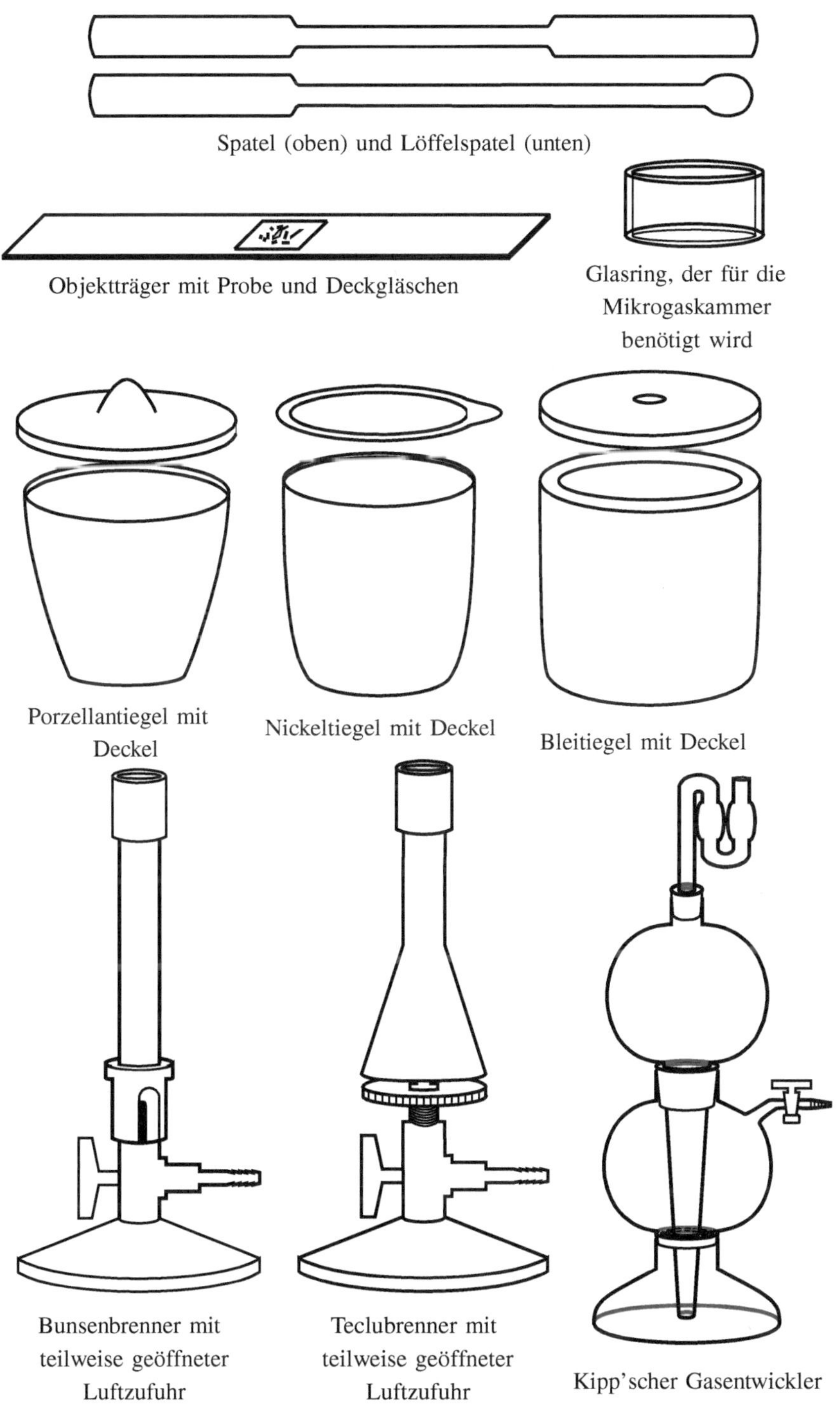

Spatel (oben) und Löffelspatel (unten)

Objektträger mit Probe und Deckgläschen

Glasring, der für die Mikrogaskammer benötigt wird

Porzellantiegel mit Deckel

Nickeltiegel mit Deckel

Bleitiegel mit Deckel

Bunsenbrenner mit teilweise geöffneter Luftzufuhr

Teclubrenner mit teilweise geöffneter Luftzufuhr

Kipp'scher Gasentwickler

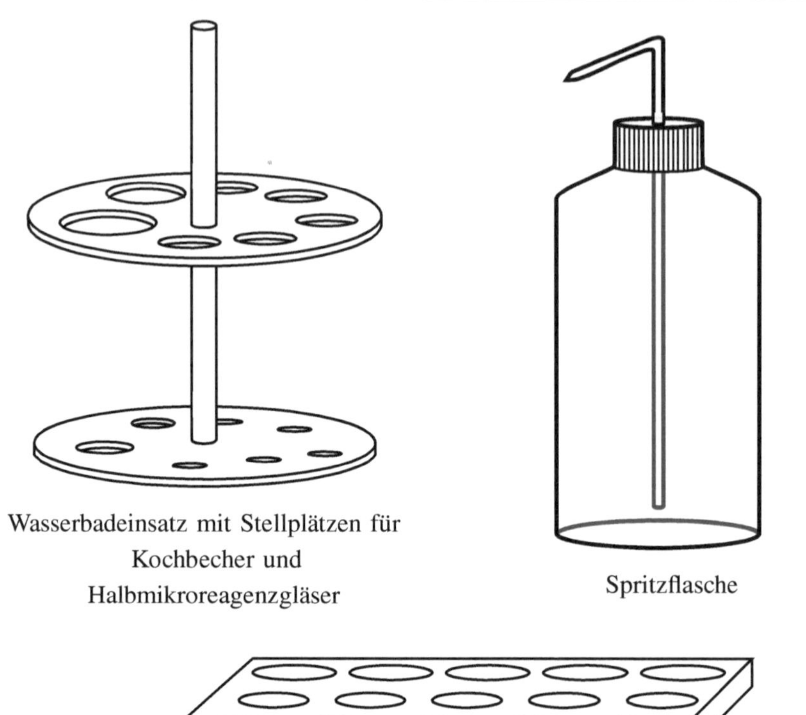

Wasserbadeinsatz mit Stellplätzen für Kochbecher und Halbmikroreagenzgläser

Spritzflasche

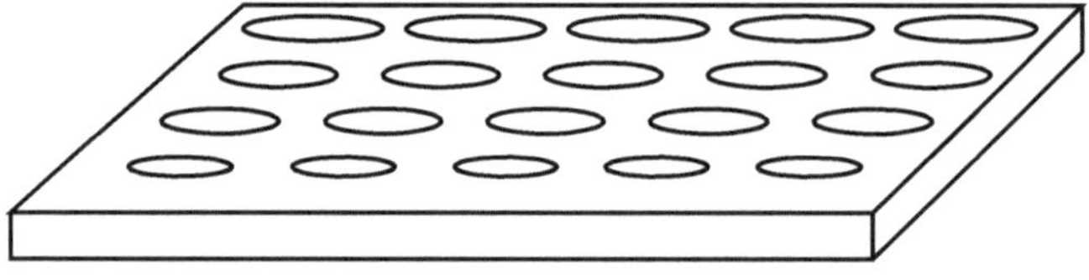

Tüpfelplatte mit unterschiedlich großen Vertiefungen

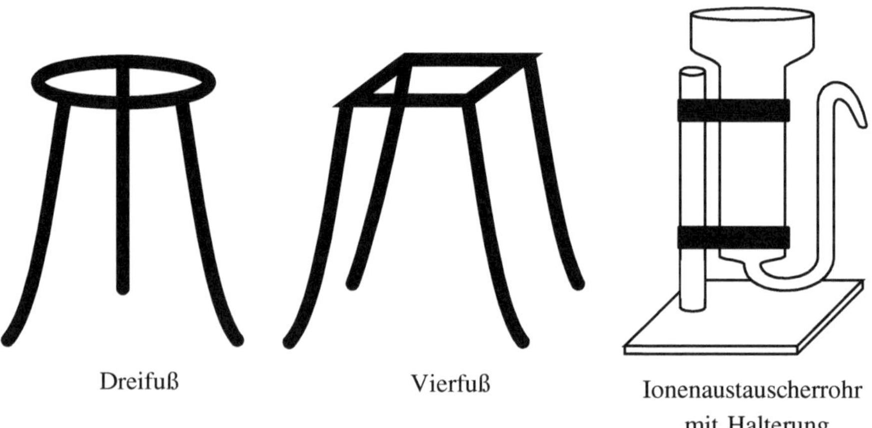

Dreifuß

Vierfuß

Ionenaustauscherrohr mit Halterung

Anhang B: Reagenzienanhang

Inhaltsverzeichnis

Die erwähnten Reagenzien haben folgende Konzentrationen bzw. Gehalte.

B.1 Säuren

Essigsäure (H_3CCOOH)

2 N	verd.	120 ml 96 – 100 %ige H_3CCOOH auf 1 l verdünnen
96 %	konz.	auch 100 % möglich

Perchlorsäure ($HClO_4$)

30 %		43 ml konz. $HClO_4$ mit Wasser auf 100 ml verdünnen
70 %	konz.	

Phosphorsäure (H_3PO_4)

85 %	konz.	

Salpetersäure (HNO_3)

2 N	verd.	140 ml 65 %ige HNO_3 auf 1 l verdünnen
65 %	konz.	

Salzsäure (HCl)

2 N	verd.	165 ml 35 %ige HCl auf 1 l verdünnen
35 %	konz.	

Schwefelsäure (H_2SO_4)

2 N	verd.	56 ml 96 %ige H_2SO_4 auf 1 l verdünnen
96 %	konz.	

M. Herbig und J. Wagler, *Qualitative Anorganische Analyse*,
https://doi.org/10.1007/978-3-662-57850-6

B.2 Laugen

Ammoniak (NH_3)
2 N verd. 150 ml 25 %ige NH_3-Lösung auf 1 l verdünnen
25 % konz.

Kalilauge (KOH)
2 N verd. 11,2 g KOH in 100 ml Wasser lösen

Natronlauge (NaOH)
2 N verd. 80 g NaOH in 1 l Wasser lösen
40 % konz. 65 g in 100 ml Wasser lösen

B.3 Organische Lösungsmittel

- Diethylether
- Glycerol (Glycerin)
- Ethanol
- Methanol
- Pentanol (Amylalkohol)
- Trichlormethan (Chloroform)

B.4 Anorganische Reagenzlösungen

Einige Lösungen müssen stets frisch bereitet werden und sind nicht lagerfähig. Folgende Lösungen können einige Zeit gelagert werden. Gesättigte Lösungen müssen zum Lösen ggf. erwärmt und nach der Herstellung kalt filtriert werden. Die Gehalts- und Konzentrationsangaben sind ungefähre Angaben.

Ammoniumcarbonat ($(NH_4)_2CO_3$)
ges. 32 g in 100 ml Wasser lösen

Ammoniummolybdat ($(NH_4)_2MoO_4$)
0,25 M 5 g $(NH_4)_6Mo_7O_{24} \cdot 4H_2O$ in 100 ml Wasser lösen und in 35 ml 6,5 N HNO_3 eingießen

Ammoniumoxalat ($(NH_4)_2C_2O_4$)
ges. 22 g $(NH_4)_2C_2O_4 \cdot H_2O$ in 500 ml Wasser lösen

Ammoniumpolysulfid ($(NH_4)_2S_x$)
var. 150 ml konz. NH_3 in der Kälte mit H_2S sättigen und mit 250 ml konz. NH_3 verdünnen; darin 10 g Schwefel lösen und mit Wasser auf 1 l verdünnen

Ammoniumsulfid ($(NH_4)_2S$)
var. 200 ml konz. NH_3 in der Kälte mit H_2S sättigen und mit 200 ml konz. NH_3 verdünnen; anschließend auf 1 l mit Wasser auffüllen

Ammonium-tetrathiocyanatomercurat(II) ($(NH_4)_2[Hg(SCN)_4]$)
1 M 30 g $HgCl_2$ und 33 g NH_4SCN in 100 ml H_2O lösen und ggf. filtrieren

Ammoniumthiocyanat (NH_4SCN)
10 % 10 g NH_4SCN in 90 ml Wasser lösen

Bariumchlorid ($BaCl_2$)
5 % 5,8 g $BaCl_2 \cdot 2H_2O$ in 95 ml Wasser lösen

Bariumhydroxid ($Ba(OH)_2$)
ges. 36 g $Ba(OH)_2 \cdot 8H_2O$ in 500 ml Wasser lösen

Bleiacetat ($Pb(OOCCH_3)_2$)
10 %ig 11,66 g $Pb(OOCCH_3)_2 \cdot 3H_2O$ in 90 ml Wasser lösen

Bromwasser
ges. 3,5 g Br_2 auf 1 l Wasser verdünnen

Calciumchlorid ($CaCl_2$)
5 M 55,5 g $CaCl_2$ (wasserfrei) in 100 ml Wasser lösen

Calciumsulfat ($CaSO_4$)
ges. 2 g $CaSO_4$ cot $2H_2O$ in 1 l Wasser lösen

Chlorwasser
var. Wasser mit Cl_2-Gas sättigen (nicht sehr lange haltbar)

Cobalt(II)-chlorid ($CoCl_2$)
0,1 mM 0,125 g $CoCl_2 \cdot 6H_2O$ in 500 ml Wasser lösen

Cobalt(II)-nitrat ($Co(NO_3)_2$)
verd. ca. 0,1 g $Co(NO_3)_2 \cdot 6H_2O$ in 100 ml Wasser lösen

Kupfer(II)-sulfat ($CuSO_4$)
4 mM 0,1 g $CuSO_4 \cdot 5H_2O$ in 100 ml Wasser lösen

Eisen(III)-chlorid ($FeCl_3$)
0,3 M 9 g $FeCl_3 \cdot 6H_2O$ in 1 ml konz. HCl lösen und auf 100 ml mit Wasser auffüllen

Iod-Kaliumiodid („KI_3“)
3,2 g I_2 in einer Lösung von 25 g KI in 250 ml Wasser lösen

Kaliumchromat (K_2CrO_4)
10 % 10 g K_2CrO_4 in 90 ml Wasser lösen

Kaliumcyanid (KCN)
1 M 1,6 g KCN in 25 ml Wasser lösen

Kaliumhexacyanoferrat(II) ($K_4[Fe(CN)_6)]$)
0,1 M 21,1 g $K_4[Fe(CN)_6] \cdot 3H_2O$ in 500 ml Wasser lösen

Kaliumhexacyanoferrat(III) ($K_3[Fe(CN)_6)]$)
0,1 M 16,45 g $K_3[Fe(CN)_6]$ in 500 ml Wasser lösen

Kaliumiodid (KI)
0,5 M 41,5 g KI in 500 ml Wasser lösen

Kaliumpermanganat ($KMnO_4$)
0,025 M 1 g $KMnO_4$ in 250 ml Wasser lösen

Kaliumthiocyanat ($KSCN$)
1 M 9,7 g KSCN in 100 ml Wasser lösen

Kupfer(II)-sulfat ($CuSO_4$)
4 mM 0,1 g $CuSO_4 \cdot 5H_2O$ in 100 ml Wasser lösen

Magnesia-Mixtur

100 g $MgCl_2 \cdot 6H_2O$ mit 100 g NH_4Cl in 500 ml H_2O lösen und mit 50 ml konz. NH_3 versetzen; auf 1 l mit Wasser auffüllen

Magnesium-Uranylacetat ($Mg(OOCCH_3)_2 \cdot (UO_2)(OOCCH_3)_2$)

var. a) 10 g $(UO_2)(OOCCH_3)_2 \cdot 2H_2O$ in 100 ml Wasser und 6 ml konz. Essigsäure lösen
b) 33 g $Mg(OOCCH_3)_2$ in 100 ml Wasser und 10 ml konz. Essigsäure lösen
a und b mischen und ggf. nach 24 h filtrieren, Lösung nicht zu lange haltbar

Mangan(II)-sulfat ($MnSO_4$)

0,02 M 4,5 g $MnSO_4 \cdot 4H_2O$ in 2 N H_2SO_4 auf 1 l lösen

Natriumacetat ($NaOOCCH_3$)

2 M 27,2 g $NaOOCCH_3 \cdot 3H_2O$ in 100 ml Wasser lösen

Natriumcarbonat (Na_2CO_3)

ges. 21,2 g wasserfreies Na_2CO_3 in 100 ml Wasser lösen oder 57,2 g $Na_2CO_3 \cdot 10H_2O$ verwenden

Natriumfluorid (NaF)

0,1 M 0,42 g NaF in 100 ml Wasser lösen

Natriumthiosulfat ($Na_2S_2O_3$)

1 M 24,8 g $Na_2S_2O_3 \cdot 5H_2O$ in 100 ml Wasser lösen

Neßlers Reagenz (K_2HgI_4)

var. käuflich erwerben (enthält KOH)

Quecksilber(II)-chlorid ($HgCl_2$)

0,1 M 2,7 g $HgCl_2$ in 100 ml Wasser lösen

Quecksilber(II)-nitrat ($Hg(NO_3)_2$)

0,5 M 16,3 g $Hg(NO_3)_2$ in 100 ml 0,5 M HNO_3 lösen

Silbernitrat ($AgNO_3$)

5 % 53 g $AgNO_3$ in 1 l Wasser lösen

Strontiumnitrat ($Sr(NO_3)_2$)

ges. 66 g $Sr(NO_3)_2$ in 100 ml Wasser lösen

Strontiumsulfat ($SrSO_4$)

ges. 0,11 g $SrSO_4$ in 1 l Wasser lösen

Wasserstoffperoxid (H_2O_2)

verd. 3 % $\hat{=}$ 9 ml konz. H_2O_2 mit 81 ml Wasser verdünnen
konz. 30 %

Zink(II)-nitrat ($Zn(NO_3)_2$)

ges. 180 g $Zn(NO_3)_2 \cdot 6H_2O$ in 100 ml Wasser lösen

Zink(II)-sulfat ($ZnSO_4$)

0,1 M 2,9 g $ZnSO_4 \cdot 7H_2O$ in 100 ml Wasser lösen

Zinn(II)-chlorid ($SnCl_2$)

0,25 M 5,65 g $SnCl_2 \cdot 2H_2O$ in 20 ml konz. HCl lösen und auf 100 ml mit Wasser verdünnen. Zur Lagerung eine Zinn-Granalie zugeben.

B.5 Organische Reagenzlösungen

Alizarin S
1 % 1 g Alizarin S in 99 ml Wasser lösen

α-Naphthylamin
0,3 % 0,4 g α-Naphthylamin in 125 ml 30 %iger Essigsäure lösen

Bromthymolblau
0,6 mM 0,4 g Bromthymolblau in 1 l Wasser lösen

Diacetyldioxim (DADO)
1 % 5 g DADO in 500 ml Ethanol lösen

essigsaure Sulfanilsäure
0,02 M 0,5 g Sulfanilsäure in 150 ml 10 %iger Essigsäure lösen

Methylviolett
5 mM 2 g Kristallviolett in 1 l Wasser lösen

Morin
1,25 % 1 g Morin in 100 ml Methanol lösen

Natrium-5-sulfosalicylat
0,25 M 6,5 g Natrium-5-sulfosalicylat in 100 ml Wasser lösen

Rhodamin B
0,01 % 0,01 g Rhodamin B mit 2 g KCl in 100 ml 2 N HCl lösen

Thioacetamid
1 M 15 g Thioacetamid in 200 ml Wasser lösen (nicht allzu lange haltbar)

Titangelb
0,05 % 0,05 g Titangelb in 100 ml Wasser lösen

Anhang C: Theoretische Emissionsspektren

Inhaltsverzeichnis

C.1 Der physikalische Farbkreis

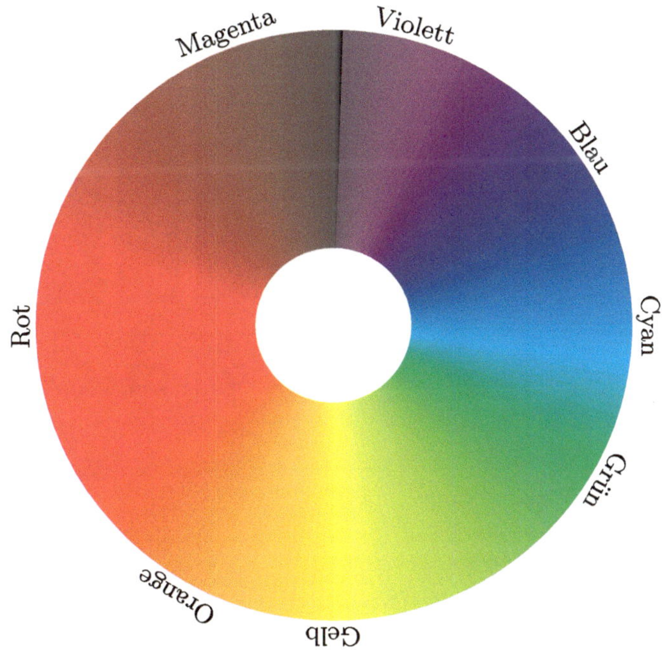

M. Herbig und J. Wagler, *Qualitative Anorganische Analyse,*
https://doi.org/10.1007/978-3-662-57850-6

C.2 Intensivste Linien ohne Berücksichtigung der relativen Intensitäten [6]

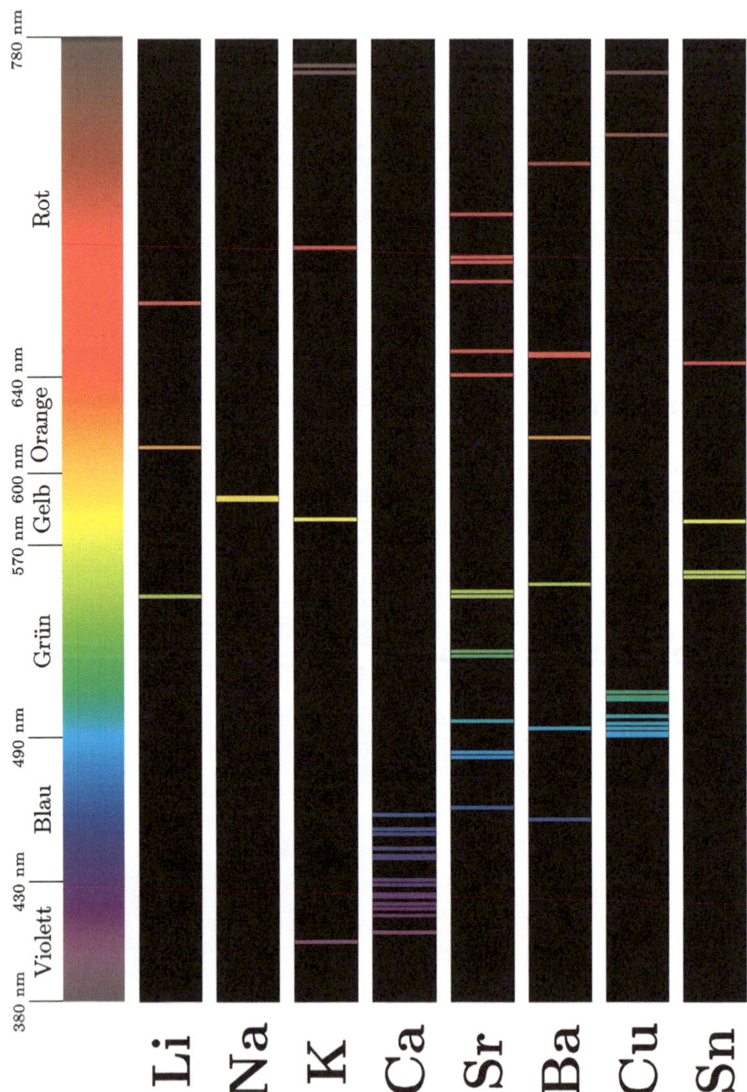

C.3 Intensivste Linien mit Berücksichtigung der relativen Intensitäten [6]

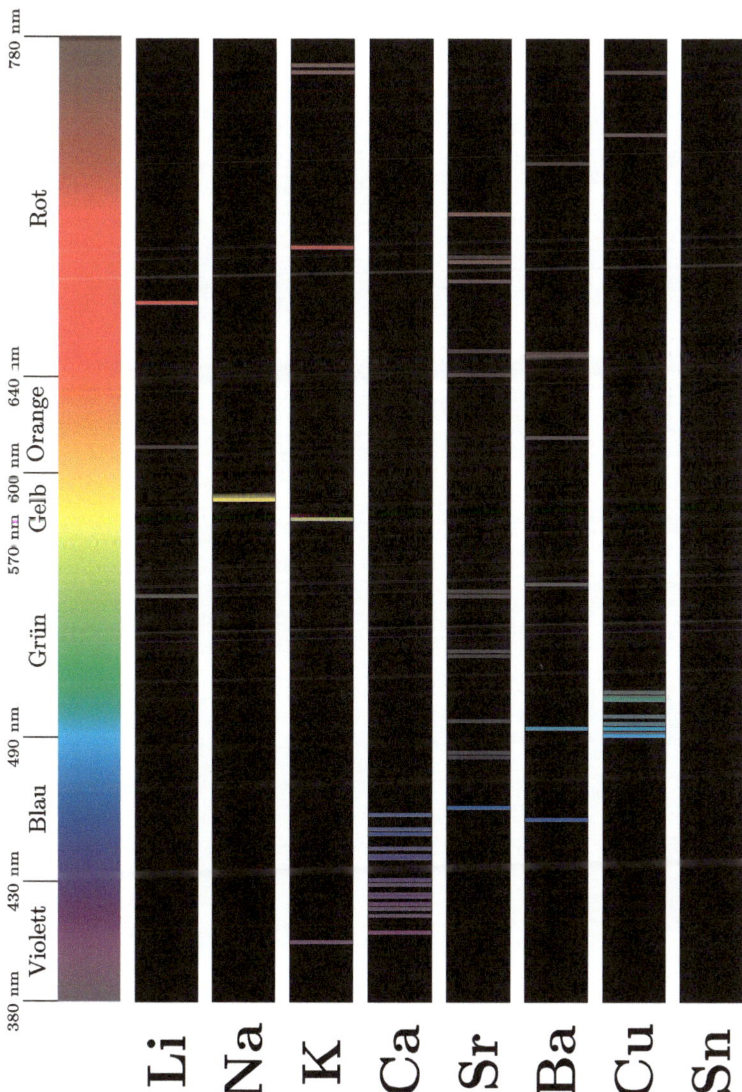

Anhang D: Kristallbilder

Blei(II)-iodid

nicht aus Blei(II)-acetat herstellen, sonst ändert sich die Kristallform deutlich

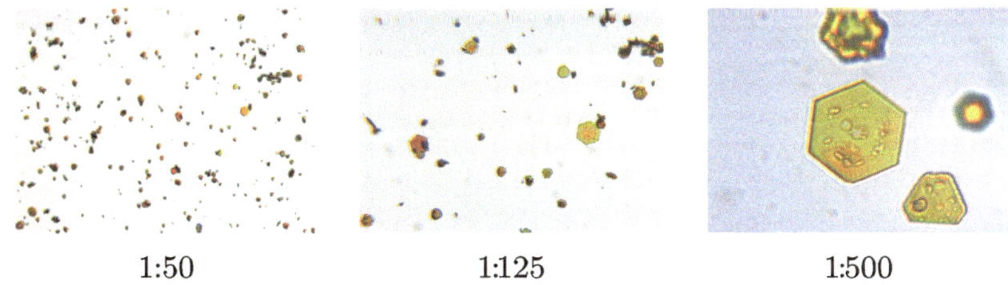

1:50 1:125 1:500

Blei(II)-nitrat-Thioharnstoff

nicht aus Blei(II)-acetat herstellen, sonst ändert sich die Kristallform deutlich

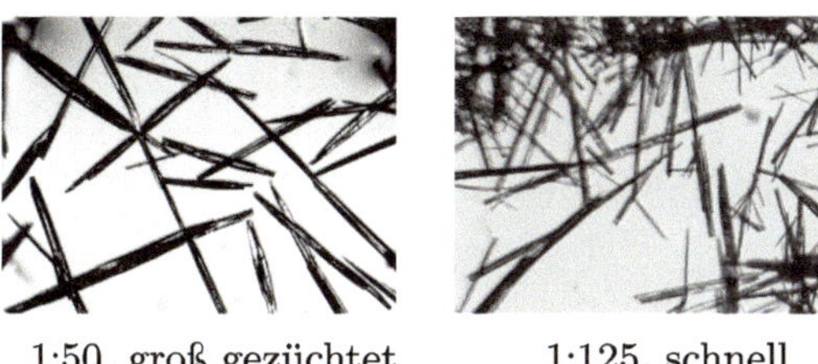

1:50, groß gezüchtet 1:125, schnell ausgefallen

M. Herbig und J. Wagler, *Qualitative Anorganische Analyse*,
https://doi.org/10.1007/978-3-662-57850-6

Cadmium-Harnstoff-Reineckat

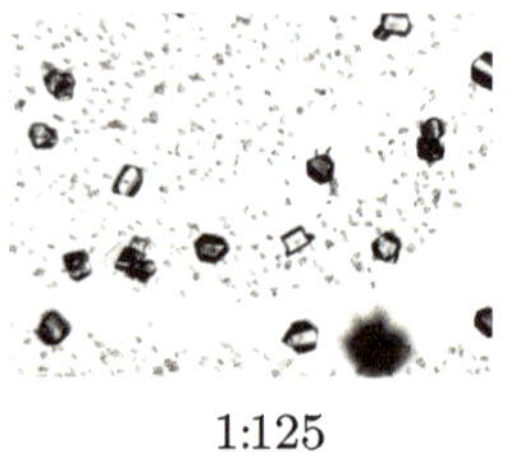

1:125

Kupfer(II)-tetrathiocyanatomercurat(II)

hochkonzentrierte Lösung

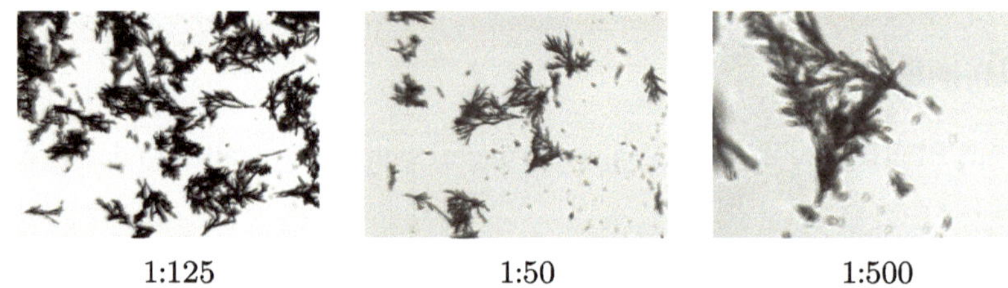

1:125 1:50 1:500

Zink(II)-tetrathiocyanatomercurat(II)

hochkonzentrierte Lösung

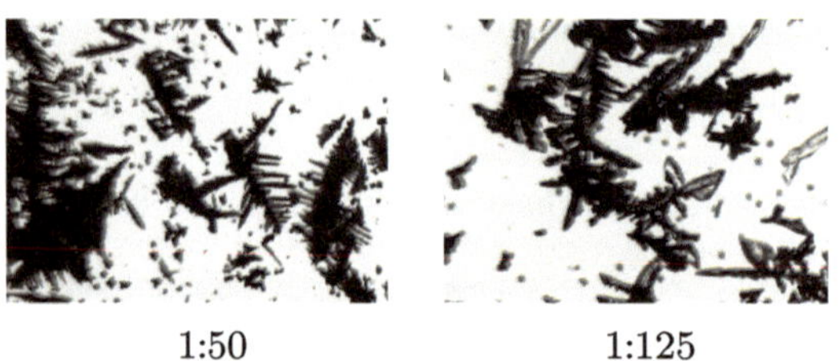

1:50 1:125

Cobalt(II)-tetrathiocyanatomercurat(II)

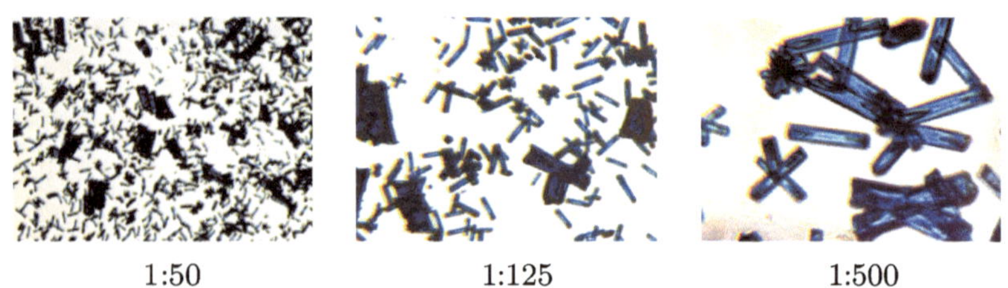

1:50 1:125 1:500

Strontiumchromat

1:50 1:125 1:500

Calciumsulfat-dihydrat

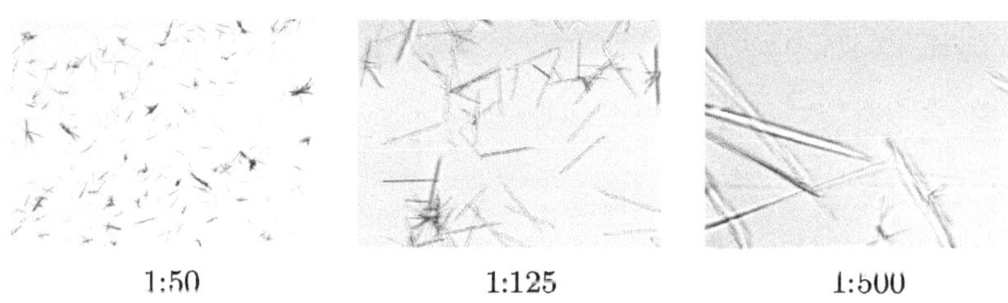

1:50 1:125 1:500

Ammoniummagnesiumphosphat-hexahydrat

hochkonzentrierte Lösung

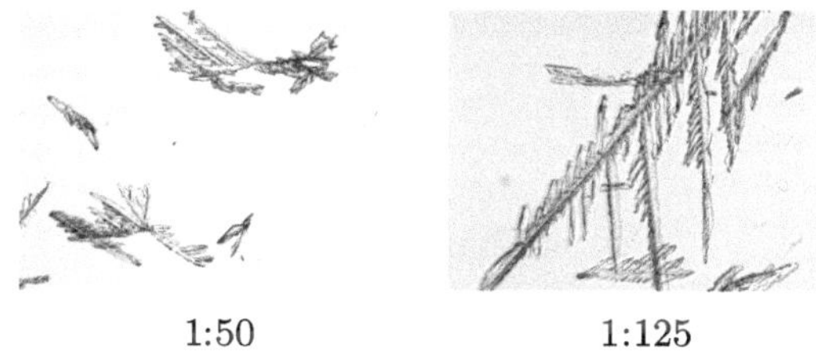

1:50 1:125

Kaliumperchlorat

umkristallisiert im Wasserbad

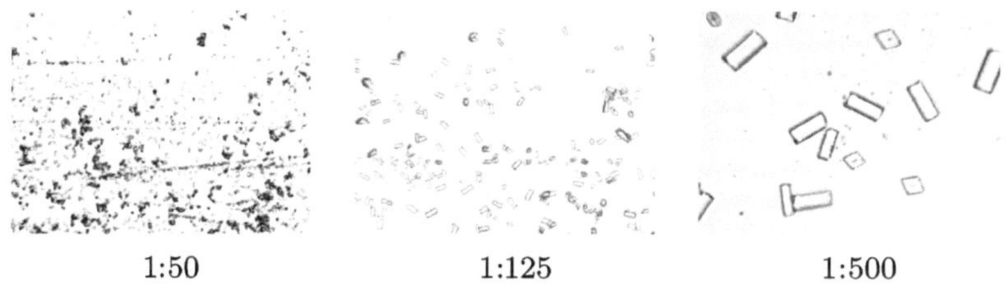

1:50 1:125 1:500

Natriummagnesiumuranylacetat-nonahydrat

Die dreieckigen Kristalle sind Natriumuranylacetat.

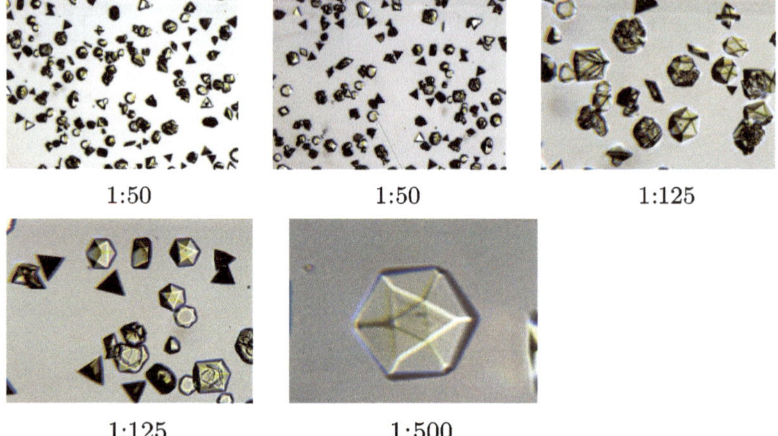

1:50 1:50 1:125

1:125 1:500

Literatur

1. Ackermann, G. (1966). *Einführung in die qualitative anorganische Halbmikroanalyse* (4., überarb. Aufl., S. 170). Leipzig: Dt. Verl. für Grundstoffind.
2. Schweda, E. (2016). *Package: Jander/Blasius, Anorganische Chemie 1+2* (Bd. 2 18., völlig neu bearb. Aufl., S. 577 X). Stuttgart: Hirzel S. Verlag.
3. Gerdes, E. (2001). *Qualitative anorganische Analyse : ein Begleiter für Theorie und Praxis* (2., korr. und überarb. Aufl. 1998, Nachdr.). Berlin: Springer.
4. Autorenkollektiv, Standard elektrode Potential. https://en.wikipedia.org/wiki/Standard_electrode_potential_(data_page).
5. Jagner, S., Ljungström, E., & Tullberg, A. (1980). The structure of sodium pentacyanosulphitoferrate(II) 10.5-water. *Acta Crystallographica Section B Structural Crystallography and Crystal Chemistry*, *36*, 2213–2217.
6. Kramida, A., Ralchenko, Y., Reader, J., & NIST ASD Team, NIST Atomic Spectra Database (ver. 5.5.2) [2018, January 11]. Gaithersburg: National Institute of Standards and Technology.

M. Herbig und J. Wagler, *Qualitative Anorganische Analyse,*
https://doi.org/10.1007/978-3-662-57850-6

Sachverzeichnis

M. Herbig und J. Wagler, *Qualitative Anorganische Analyse*,
https://doi.org/10.1007/978-3-662-57850-6